Klaus Drotziger, Klaus Schmid

Prüfungsvorbereitung Metallbauer/-in Konstruktionsmechaniker/-in

Abschlussprüfung Teil 1

2. Auflage

Bestellnummer 05284

Bildungsverlag EINS
westermann

Bildquellenverzeichnis

Den nachfolgend aufgelisteten Firmen danken wir für die freundliche Unterstützung und Beratung sowie die Zusendung von Informations- und Bildmaterial.

HAHN + KOLB Werkzeuge GmbH, Stuttgart: S. 11, S. 37.2, S. 44.1, S. 58, S. 68, S. 82, S. 90
KNUTH Werkzeugmaschinen GmbH, Wasbek: S. 12.2, S. 14.1, S. 34
REIME NORIS GmbH, Feucht: S. 61.1-3
Robert Bosch GmbH, Gerlingen-Schillerhöhe: S. 95

Zeichnungen:
MD-Grafikdesign Michele Di Gaspare, Bergheim

service@bv-1.de
www.bildungsverlag1.de

Bildungsverlag EINS GmbH
Ettore-Bugatti-Straße 6-14, 51149 Köln

ISBN 978-3-427-**05284**-5

westermann GRUPPE

Inhaltsverzeichnis

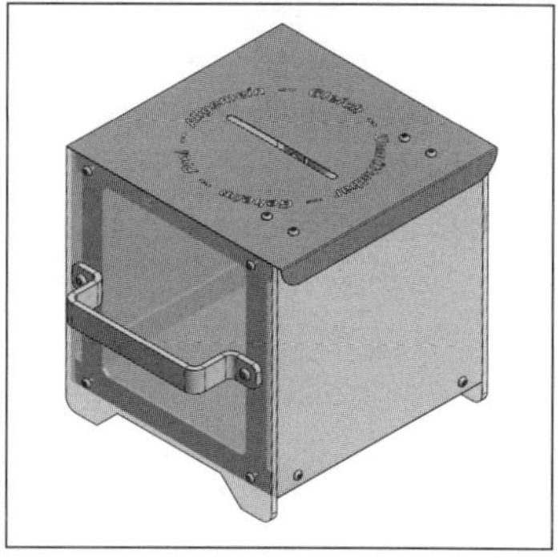

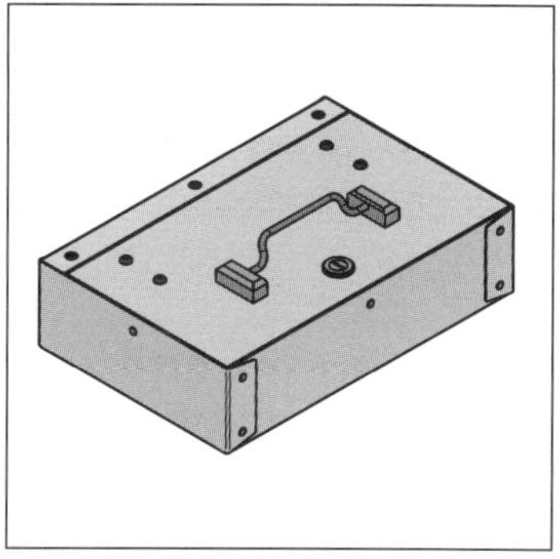

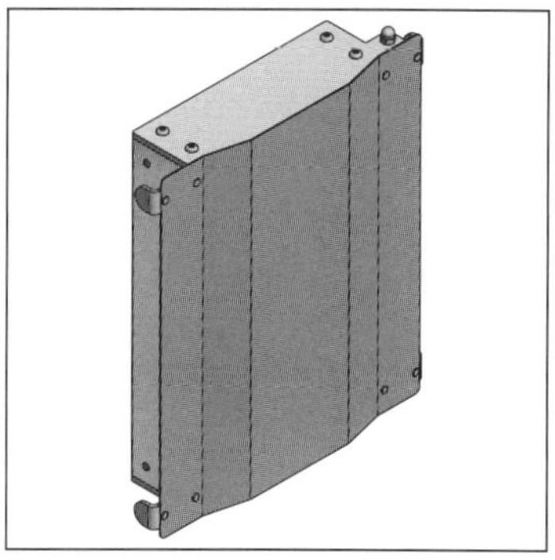

Vorwort und Hinweise für den Benutzer

Dieses Buch dient zur Prüfungsvorbereitung der Abschlussprüfung Teil 1 für Auszubildende in den Berufen Metallbauer/-in und Konstruktionsmechaniker/-in. Es bietet den Auszubildenden eine umfassende und sichere Vorbereitung auf diese Berufsabschlussprüfung.

Derzeit besteht diese aus zwei Teilen. Der erste Teil findet bereits zur Hälfte der regulären Ausbildungszeit, nach etwa 18 Monaten, statt, während der zweite Teil der Abschlussprüfung am Ende der Ausbildung absolviert wird. Beide Prüfungsteile (Teil 1 und Teil 2) ergeben zusammen das Gesamtprüfungsergebnis, wobei dieses jeweils anteilig aus den Noten der beiden Prüfungsteile errechnet wird.

Teil 1 der Abschlussprüfung besteht aus

- einer Arbeitsaufgabe,
- dazugehörigen situationsbezogenen Gesprächsphasen
- und schriftlichen Aufgabenstellungen (gebundene und/oder ungebundene Aufgaben).

Dieses Buch ist als Hilfestellung für Auszubildende bei der Vorbereitung auf den Teil 1 der Abschlussprüfung vorgesehen. Lehrer können die Aufgaben zur Vorbereitung von Klassenarbeiten bzw. der Abschlussprüfung heranziehen. Ausbildern dienen die vorliegenden Aufgaben ebenso zur Schulung sowie zur Ermittlung des Leistungsstandes ihrer Auszubildenden.
Es werden im Folgenden vier Musterprüfungen beispielhaft vorgestellt, die in ihrem Umfang und Schwierigkeitsgrad realen Prüfungen entsprechen.

Zur Bearbeitung der Musterprüfungen sind jeweils sieben Stunden, à 60 Minuten, vorgesehen. Diese teilen sich wie folgt auf:
Für die schriftliche Aufgabenstellung (gebundene und/oder ungebundene Aufgaben) sind zwei Stunden vorgesehen; für die Arbeitsaufgabe einschließlich der dazugehörigen situationsbezogenen Gesprächsphasen sind fünf Stunden veranschlagt. Diese Zeitfenster sind Richtwerte.

Während sich für die Vorbereitung und Durchführung der Arbeitsaufgaben und der situationsbezogenen Gesprächsphasen die Werkstatt des Ausbildungsbetriebs oder der fachpraktische Unterricht an der Berufsschule anbieten, können die schriftlichen Aufgabenstellungen problemlos von den Auszubildenden in Eigenarbeit zu Hause gelöst werden.

Dabei ist zu beachten, dass die Zeichnungen und Teilelisten nicht nur für die Vorbereitung und Durchführung der Arbeitsaufgaben gedacht sind, sondern auch für die Bearbeitung der schriftlichen Aufgabenstellungen wichtige Hinweise geben und entsprechende Zusammenhänge aufzeigen. Sie ermöglichen unter anderem

- das Abschätzen des erforderlichen Zeitaufwands zur Vorbereitung und Herstellung der Einzelteile,
- das Planen und Organisieren der einzelnen Arbeitsabläufe,
- die Auswahl von geeigneten Bearbeitungs- bzw. Fertigungsverfahren,
- das Berücksichtigen von betriebswirtschaftlichen, sicherheitstechnischen und ökologischen Gesichtspunkten,
- die betriebliche und technische Kommunikation,
- das Arbeiten im Team,
- die Hinführung zu einer bewussten Kundenorientierung.

Auf Bereitstellungsunterlagen der Werkzeuge, Prüf- und Hilfsmittel wurde bewusst verzichtet, da in der Regel auch vergleichbare und betriebsübliche verwendet werden können.

Mithilfe des Lösungsteils können die Auszubildenden, Ausbilder sowie Lehrer leicht überprüfen, ob die Aufgaben richtig gelöst wurden. Der Lösungsteil zeigt ausführlich die einzelnen Lösungsschritte und -wege auf. Zusätzlich ermöglicht er eine Selbst-Einschätzung des Leistungsstandes, indem er für jede Aufgabe die möglichen Punkte und eine Gesamtgewichtung vorgibt.

Prüfung 1: Messgerätehalter

Wichtiger Hinweis

Für ein optimales Bearbeiten der Prüfungsaufgaben ist es empfehlenswert, die Gesamtzeichnung sowie die Einzelteilzeichnungen des Messgerätehalters aus dem Prüfungsbuch herauszutrennen. Sowohl die Zeichnungen als auch die Teileliste bzw. Angaben auf den Zeichnungen benötigen Sie, um die Prüfungsaufgaben lösen zu können.

Legen Sie diese Zeichnungen übersichtlich neben Ihr Prüfungsbuch und beginnen Sie dann mit dem Lösen der Aufgaben. Dafür benötigen Sie zudem einen wissenschaftlichen Taschenrechner, ein geeignetes Zeichenwerkzeug sowie ein Tabellenbuch.

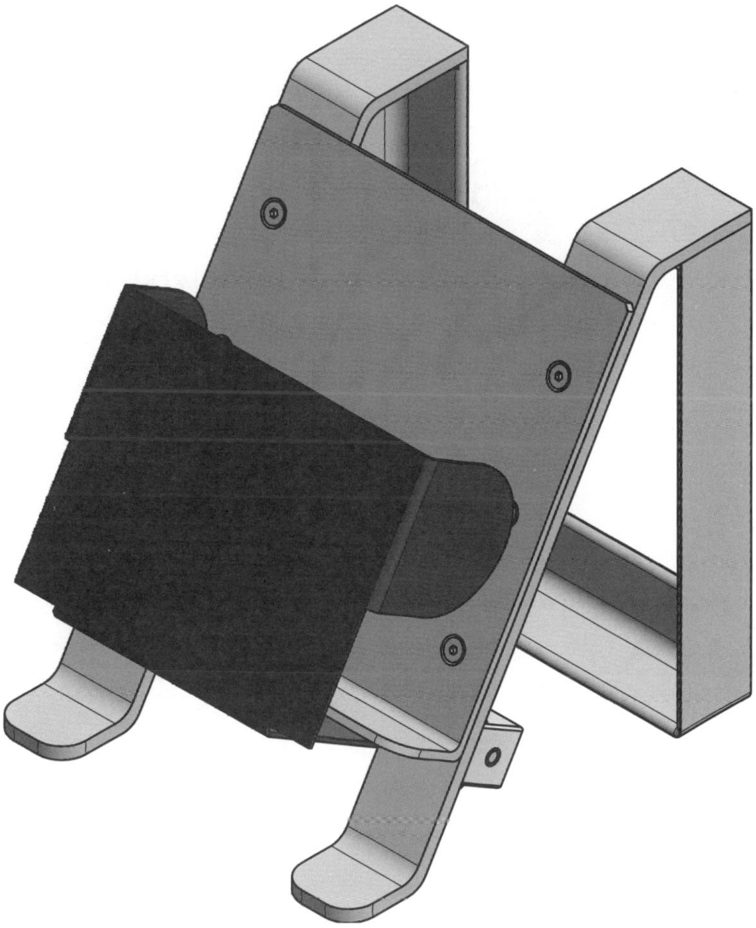

Schriftliche Aufgabenstellung

Der Prüfungssatz besteht aus folgenden Unterlagen:

Gesamtzeichnung AP1-1, Blatt 1

Einzelteilzeichnungen AP1-1, Blatt 2 bis 4

Schriftliche Aufgabenstellung Teil A (20 gebundene Aufgaben)

Schriftliche Aufgabenstellung Teil B (23 ungebundene Aufgaben)

Es sind keine Aufgaben abwählbar!

Die Unterlagen sind nach 120 Minuten dem Prüfer vorzulegen.

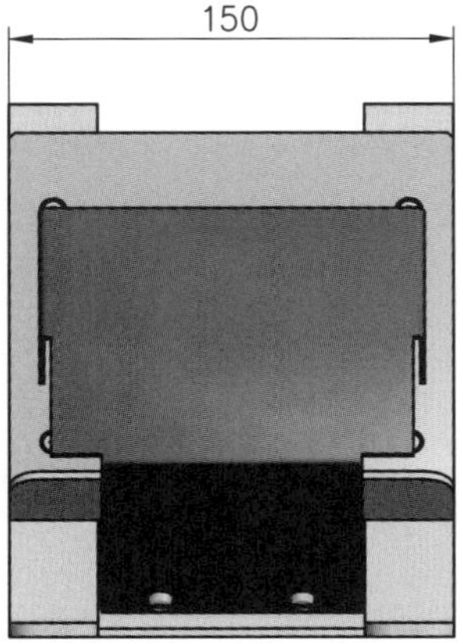

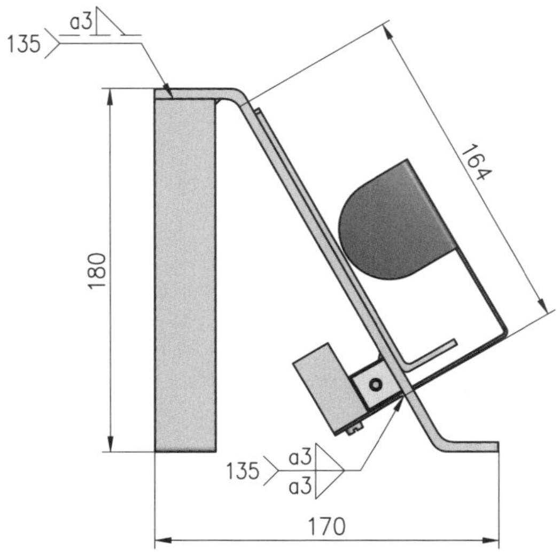

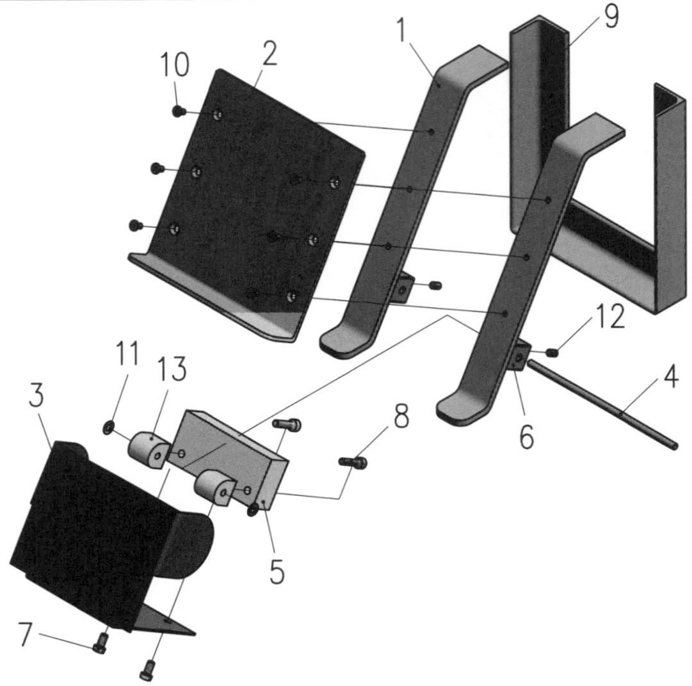

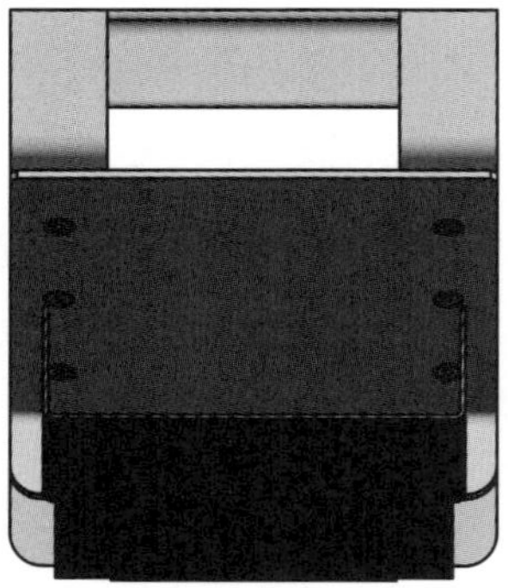

Pos.-Nr.	Stück	Benennung	Normblatt	Halbzeug	Werkstoff
13	2	Lagerklotz_beweglich	Vk DIN EN 10059	20x20x20	S235JR+C
12	2	Gewindestift mit Innensechskant mit Kegelstumpf	ISO 4026 – M5x8	8.8	St
11	2	Unterlegscheibe mit Fase – normale Ausführung – Produktkl. A	ISO 7090 – 5 – 140 HV		St
10	6	Senkschraube mit Innensechskant	DIN EN ISO 10642 – M4x8	8.8	St
9	1	Stützfuß	L DIN EN 10056-1	30x30x3	S235JR
8	2	Zylinderschraube mit Innensechskant	DIN EN ISO 4762 – M5x20	8.8	St
7	2	Zylinderschraube mit Schlitz – Produktkl. A	DIN EN ISO 1207 – M5x10	5.8	St
6	2	Lagerklotz_fest	Vk DIN EN 10059	20x20x30	S235JR+C
5	1	Gegengewicht	Fl DIN EN 10058	40x20x88	S235JR
4	1	Lagerbolzen	Rd DIN EN 10278	5x150	S235JR+C
3	1	Abdeckung	Bl DIN EN 10130	1,5x240x200	DC01
2	1	Ablage	Bl DIN EN 10130	3x150x200	DC01
1	2	Bügel	Fl DIN EN 10058	30x5x275	S235JR

Allgemeintoleranz
ISO 2768-m

Zeichnungen nicht maßstäblich

Verantwortl. Abt. | Technische Referenz | Erstellt durch | Genehmigt von | Vorgabezeit

Metallbauer/in
Konstruktionsmechaniker/in

Dokumentenart
Gesamtzeichnung

Titel, Zusätzlicher Titel
Messgerätehalter

Prüfnummer
AP1-1

Änd. | Ausgabedatum | Spr. de | Blatt 1/4

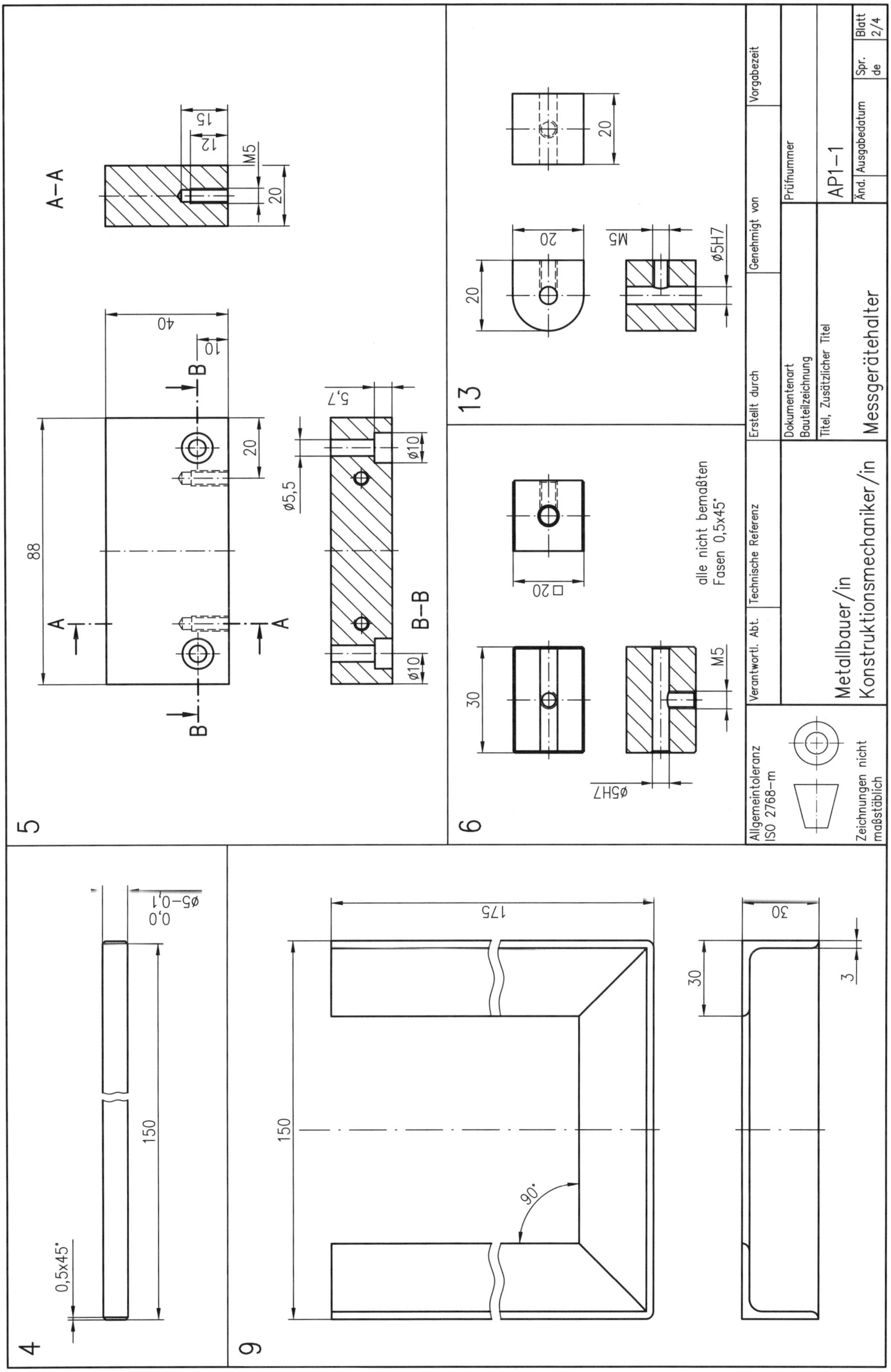

4
0,5x45°
150
ø5−0,1
0,0
9
150
175
90°
30
30
3
5
A–A
15
12
M5
20
88
40
10
20
A
A
B
B
ø5,5
5,7
ø10
ø10
B–B
6
13
30
M5
ø5H7
□20
alle nicht bemaßten Fasen 0,5x45°
20
20
20
M5
ø5H7
Allgemeintoleranz ISO 2768-m
Zeichnungen nicht maßstäblich
Verantwortl. Abt.
Technische Referenz
Erstellt durch
Genehmigt von
Vorgabezeit
Dokumentenart
Bauteilzeichnung
Prüfnummer
Titel, Zusätzlicher Titel
Metallbauer/in
Konstruktionsmechaniker/in
Messgerätehalter
AP1–1
Änd.
Ausgabedatum
Spr.
de
Blatt
2/4

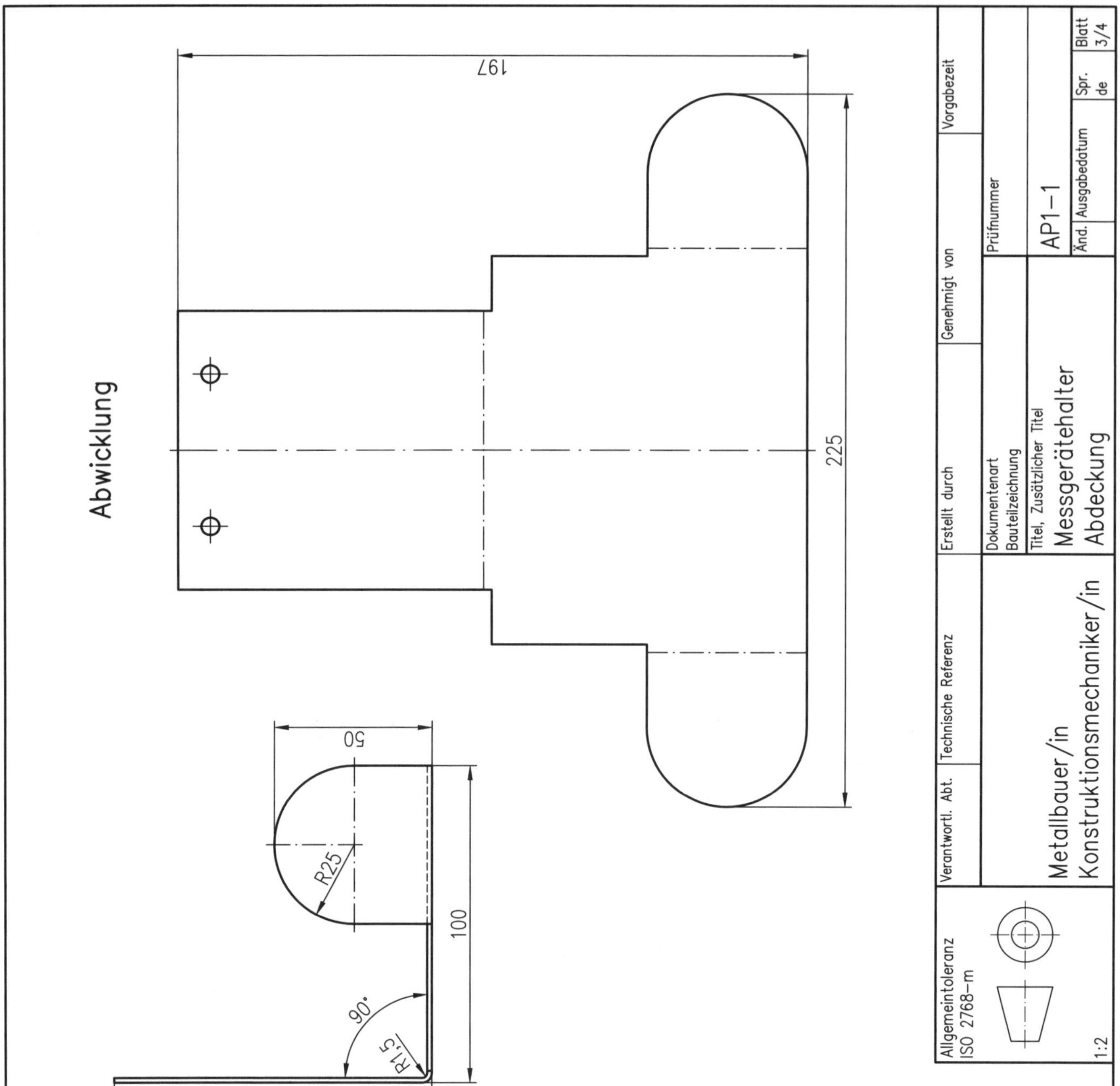

3
Abwicklung
197
225
50
R25
100
90°
R1,5
100
1,5
R1,5
ø5,5
20
10
90°
96,3
50
122,5
88
130
Allgemeintoleranz
ISO 2768–m
1:2
Verantwortl. Abt.
Technische Referenz
Erstellt durch
Genehmigt von
Vorgabezeit
Metallbauer/in
Konstruktionsmechaniker/in
Dokumentenart
Bauteilzeichnung
Titel, Zusätzlicher Titel
Messgerätehalter
Abdeckung
Prüfnummer
AP1–1
Änd.
Ausgabedatum
Spr.
de
Blatt
3/4

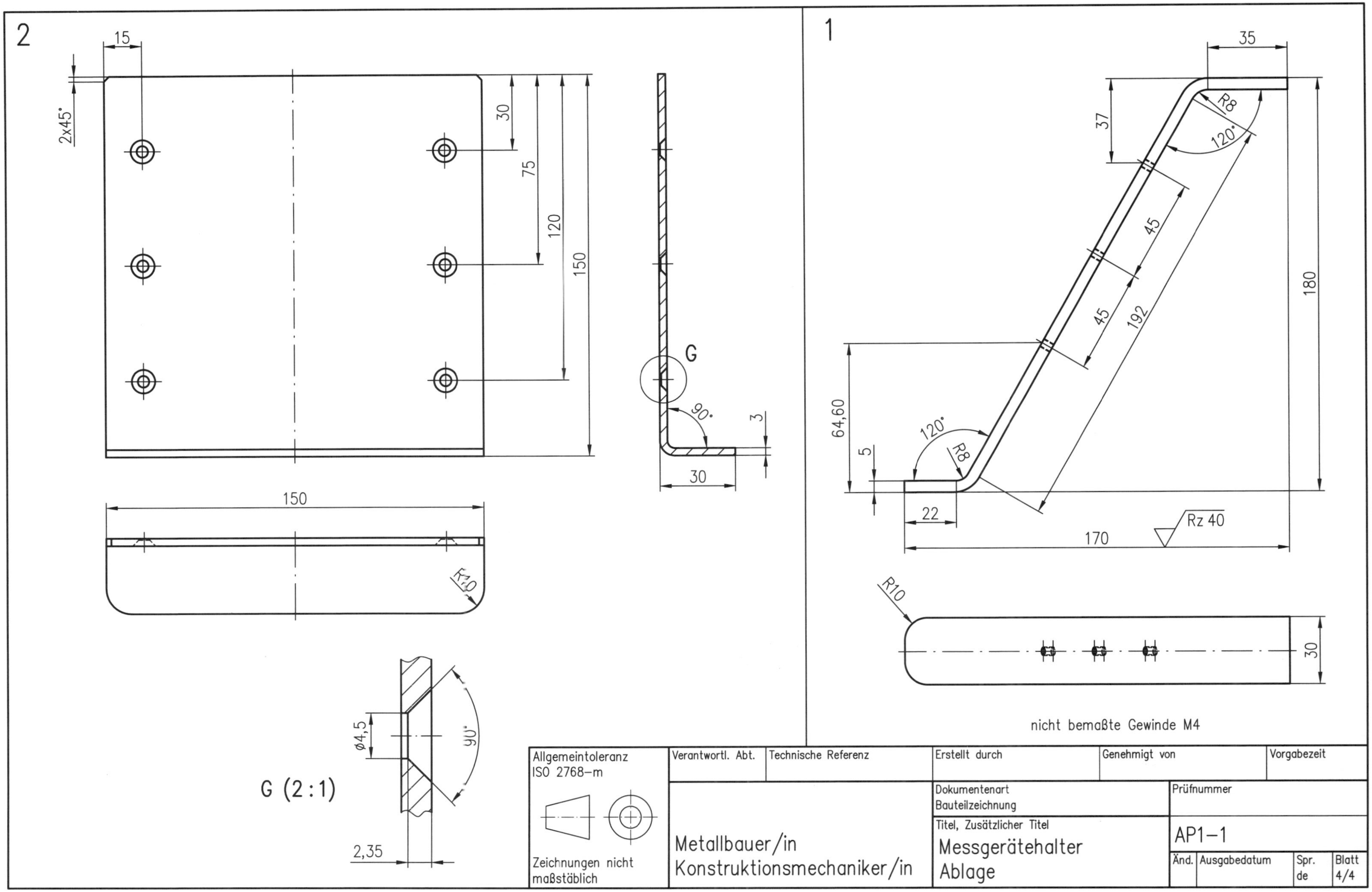

Allgemeintoleranz ISO 2768–m	Verantwortl. Abt.	Technische Referenz	Erstellt durch	Genehmigt von	Vorgabezeit	
			Dokumentenart Bauteilzeichnung		Prüfnummer	
	Metallbauer/in Konstruktionsmechaniker/in		Titel, Zusätzlicher Titel Messgerätehalter Ablage		AP1–1	
Zeichnungen nicht maßstäblich					Änd. Ausgabedatum	Spr. de / Blatt 4/4

Prüfung 1	Teil A	Metallbauer/-in Konstruktionsmechaniker/-in	Messgerätehalter

Sie erhalten den Auftrag, die Baugruppe, die auf der Gesamtzeichnung AP1-1 dargestellt ist, herzustellen, zu montieren und ihre Funktion zu überprüfen. Die herzustellenden Einzelteile sind den Zeichnungen AP1-1 zu entnehmen.

1

Laut Teileliste besteht das Bauteil Bügel (Pos. 1) aus dem Material S235JR. Welcher Werkstoff ist dafür entsprechend zu verwenden?

① Werkzeugstahl

② Unlegierter Baustahl

③ Temperguss

④ Automatenstahl

⑤ Gusseisen

2

Wie kann die Zusammensetzung eines Stahls in der Werkstatt bestimmt werden?

① Funkenprobe

② Biegeversuch

③ Zugversuch

④ Glühen

⑤ Haarrissprüfung

3

Welche Dichte hat Stahl?

① 1,00 kg/dm³

② 2,33 kg/dm³

③ 7,85 kg/dm³

④ 17,8 kg/dm³

⑤ 78,5 kg/dm³

4

Zum Messen der Rohmaße verwenden Sie einen Messschieber.
Welche Aufgabe hat der Nonius?

① Vermeidung von Messfehlern

② Vermeidung einer zu großen Messkraft

③ Anzeige von Teilen eines Millimeters ohne Vergrößerung

④ Schutz vor schrägem Ansetzen der Messschenkel

⑤ Temperaturausgleich während des Messvorgangs

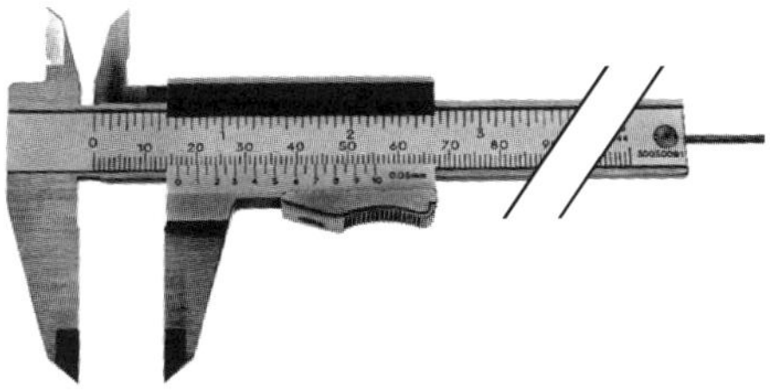

5

Die Passung im Lagerklotz (Pos. 6) prüfen Sie mit einem Grenzlehrdorn.
Welche Aussage ist richtig?

① Lehren ist das Vergleichen eines Größtmaßes mit einem Kleinstmaß.

② Lehren ist direktes Messen an einem Werkstück.

③ Lehren heißt ermitteln, wie oft eine festgelegte Maßeinheit in der gemessenen Größe enthalten ist.

④ Lehren ist das Vergleichen eines Istmaßes mit einem Sollmaß.

⑤ Lehren ist Messen.

6

Der Lagerklotz (Pos. 6) hat als Toleranzangabe Ø 5H7.
Welche Aussage ist richtig?

① Nennmaß 5,0 ± 0,12 mm

② Höchstmaß 5,1000 mm

③ Mindestmaß 5,000 mm

④ Die Toleranz beträgt 0,12 mm.

⑤ Die Angabe bezieht sich nicht auf das Innenmaß der Bohrung.

7

Sie fertigen die Bohrungen des Gegengewichts (Pos. 5) mit einer Säulenbohrmaschine.
Welche persönliche Schutzausrüstung darf nicht verwendet werden?

① Schutzbrille

② Schutzhandschuhe

③ Sicherheitsschuhe

④ Haarschutz

⑤ Gehörschutz

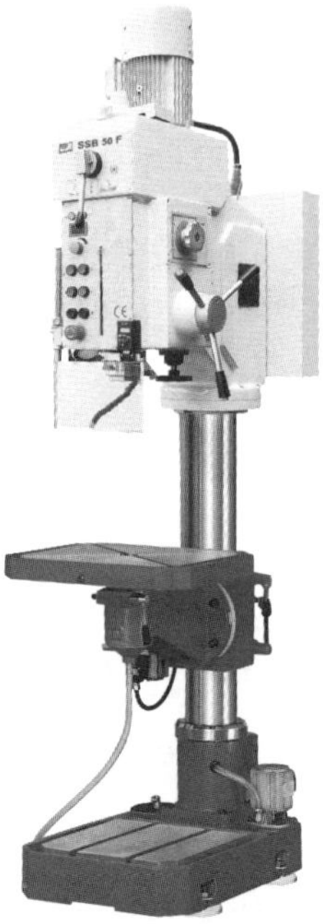

8

Welchen Spitzenwinkel sollte der Bohrer für die Fertigung der Bohrung des Gegengewichts (Pos. 5) haben?

① δ = 118°

② δ = 124°

③ δ = 130°

④ δ < 90°

⑤ δ = 90°

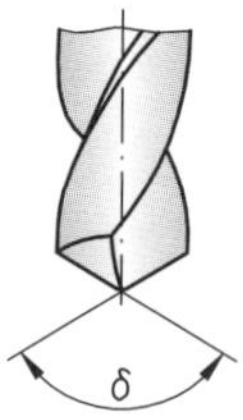

9

Während des Bohrens der Durchgangslöcher am Gegengewicht (Pos. 5) bemerken Sie, dass die Bohrung unrund wird. Welche Maßnahme ergreifen Sie?

① Vorschub verkleinern

② Kühlschmierstoffzufuhr erhöhen

③ Drehzahl steigern

④ Schneidengeometrie prüfen

⑤ Keine

10

Das Gegengewicht (Pos. 5) enthält ein Innengewinde M5. Welchen Durchmesser hat der Kernlochbohrer?

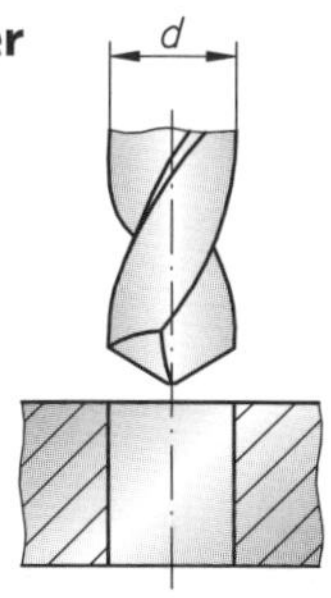

① $d = 5$ mm

② $d = 3{,}8$ mm

③ $d = 4{,}2$ mm

④ $d = 5{,}5$ mm

⑤ Nennmaß plus Steigung des Gewindes

11

Warum sollte der Mindestbiegeradius beim Fertigen der Bügel (Pos. 1) eingehalten werden?

① Damit die Symmetrie nicht gefährdet wird

② Damit der Messgerätehalter gerade steht

③ Damit Risse außen an der Biegestelle vermieden werden

④ Damit Risse innen an der Biegestelle vermieden werden

⑤ Damit die neutrale Faser in der Mitte des Materials belassen wird

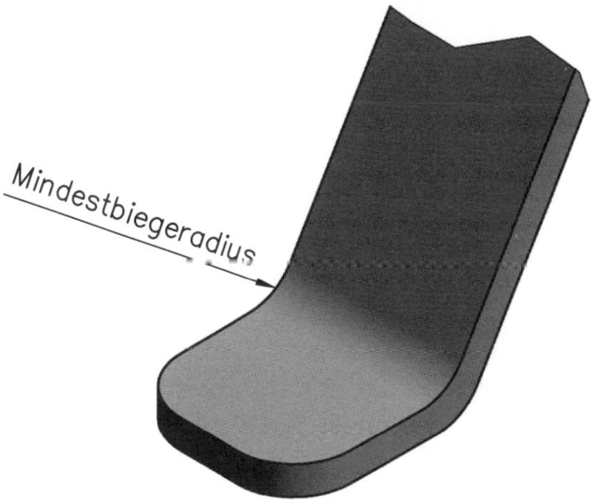

12

Der Mindestbiegeradius ist ...?

① ... von der Dehnbarkeit des Werkstoffs sowie der Dicke des Werkstücks abhängig.

② ... ausschließlich von der Dehnbarkeit des Werkstoffs abhängig.

③ ... ausschließlich von der Dicke des Werkstücks abhängig.

④ ... von der Dichte und der Bruchgrenze des Materials abhängig.

⑤ ... von der neutralen Faser des Werkstoffs abhängig.

13

Um die Ablage (Pos. 2) zu biegen, verwenden Sie die abgebildete Maschine.
Wie wird diese Maschine bezeichnet?

① Schwenkbiegemaschine

② Winkelbieger

③ Hydraulischer Handbieger

④ Biegeautomat

⑤ Gesenkbiegemaschine

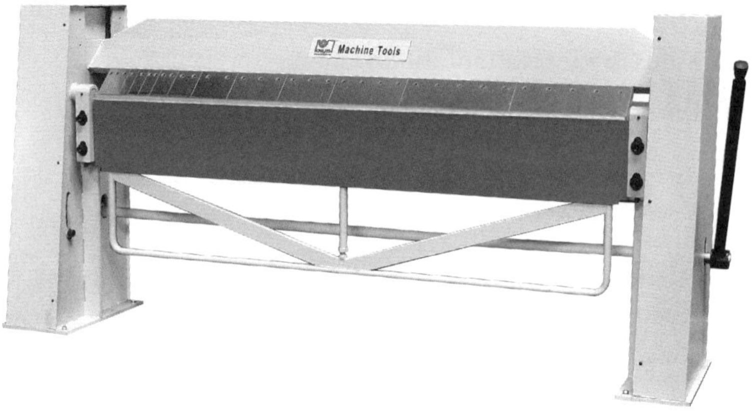

14

Nach dem Biegen des 90°-Winkels (Pos. 2) stellen Sie fest, dass der Winkel nur 85° beträgt.
Welche Ursache kann dies haben?

① Die Walzrichtung wurde nicht beachtet.

② Die Rückfederung wurde nicht berücksichtigt.

③ Die Ablage wurde schief eingespannt.

④ Die falsche Biegemaschine wurde verwendet.

⑤ Der Messschieber zum Winkelmessen wurde falsch angelegt.

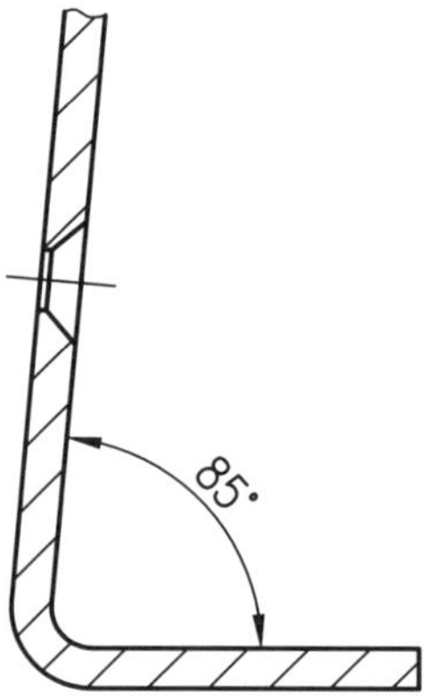

15

Die Bügel (Pos. 1) werden an den Stützfuß (Pos. 9) angeschweißt.
Wie heißt die dabei entstehende Naht?

① Kehlnaht

② V-Naht

③ I-Naht

④ Z-Naht

⑤ Gegenlage

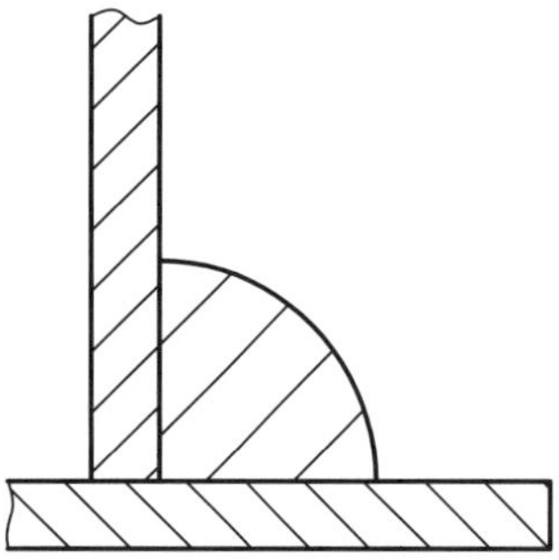

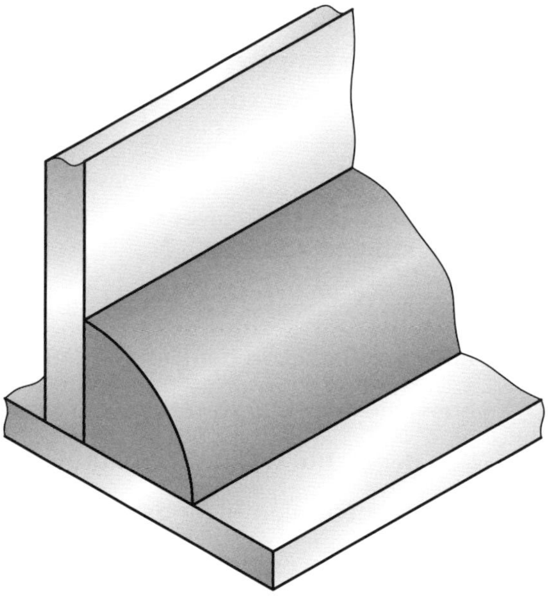

16

Was bedeutet die Angabe a2 im gezeigten Schweißsymbol?

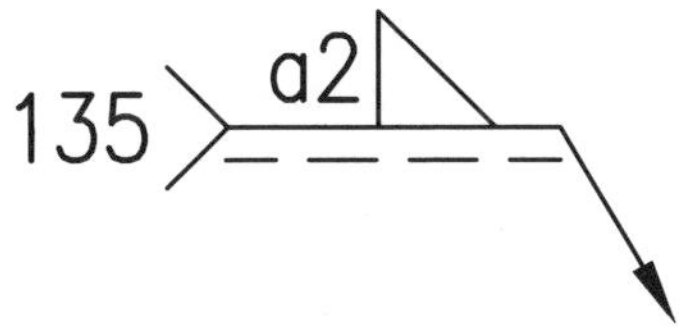

① Wurzeleinbrandhöhe 2 mm

② Nahtdicke bei Kehlnähten mit tiefem Einbrand

③ Höhe des größten, gleichschenkligen Dreiecks, das sich in den Nahtquerschnitt eintragen lässt

④ Umlaufende Schweißnaht mit 2 mm Höhe

⑤ 2 Außenschweißnähte

17

Laut Zeichnung AP1-1 sind alle Schweißnähte mit einem Schweißverfahren der Ordnungsnummer 135 herzustellen. Welches Schweißverfahren ist vorgesehen?

① Unterpulverschweißen

② Metall-Schutzgasschweißen

③ Metall-Aktivgasschweißen

④ Laserstrahlschweißen

⑤ WIG-Schweißen

18

Welcher Verfahrensgruppe gehört das MIG-Schweißen an?

① Lichtbogenschweißen

② Widerstandsschweißen

③ Gasschmelzschweißen

④ Pressschweißen

⑤ Strahlschweißen

19

Wie können Sie unmittelbar nach dem Fügen der Bügel (Pos. 1) mit dem Stützfuß (Pos. 9) prüfen, ob die Schweißnaht die gewünschten Gütewerte erreicht?

① Ultraschallprüfung

② Eindringverfahren

③ Durchstrahlungsverfahren

④ Sichtprüfung

⑤ Zugversuch

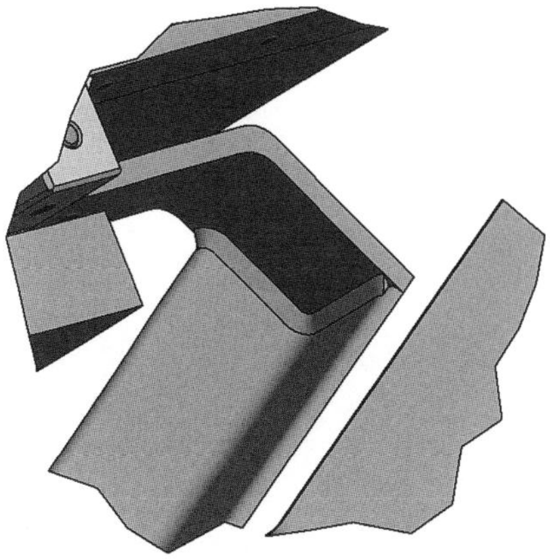

20

Bei der abschließenden Montage des Messgerätehalters sollen Sie die Anzugsmomente für Schrauben berücksichtigen. Die Zylinderschrauben (Pos. 8) sollen laut Tabelle mit 6 Nm angezogen werden. Ihr Innensechskantschlüssel hat eine Länge von 60 mm. Bestimmen Sie die maximale Kraft, die Sie aufwenden dürfen, um das Anzugsmoment einzuhalten.

① 20 N

② 80 N

③ 100 N

④ 120 N

⑤ 200 N

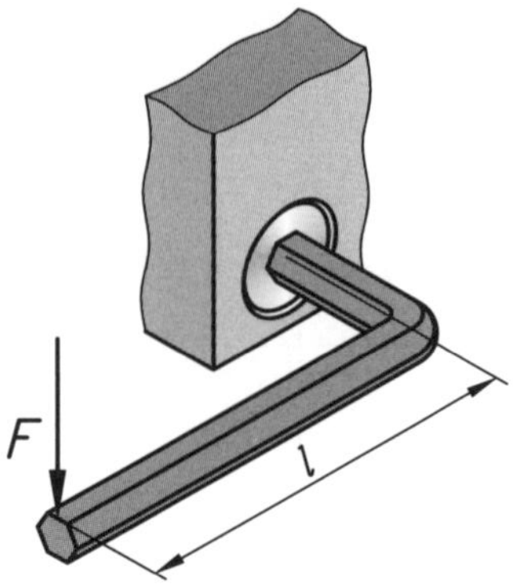

Hinweis:
Für die Lösungen der Aufgaben
1 bis **20** sind maximal
20 Punkte erreichbar.

Erreichte Punktzahl: ________ Punkte

______________________ Datum

______________________ Prüfer

Prüfung 1	Teil B	Metallbauer/-in Konstruktionsmechaniker/-in	Messgerätehalter

Die Einzelteile der Baueinheit müssen Sie nach den Zeichnungen AP1-1 anfertigen.
Beantworten Sie die Aufgaben bitte stets mit kurzen Sätzen.

Punkteschlüssel: 10 – 9 – 7 – 5 – 3 – 0 Punkte

U1

Beschreiben Sie mit eigenen Worten und in ganzen Sätzen die Funktion des Messgerätehalters.

Bewertung

Punkte

U2

Erklären Sie Aufgabe und Funktion der unten aufgeführten Bauteile des Messgerätehalters.

Benennung	Aufgabe und Funktion
Pos. 3: „Abdeckung“	
Pos. 4: „Lagerbolzen“	
Pos. 5: „Gegengewicht“	

Bewertung

Punkte

U3

Bestimmen Sie rechnerisch die theoretische Gesamtlänge des Bauteils Bügel (Pos. 1) über die neutrale Faser. Schreiben Sie einen Antwortsatz.

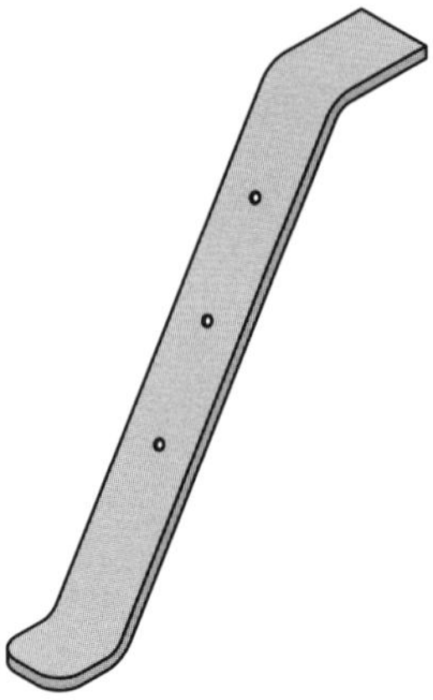

Bewertung

Punkte

U4

Berechnen Sie die Gewichtskraft des Gegengewichts (Pos. 5) mithilfe der längenbezogenen Masse. Die erforderlichen Werte entnehmen Sie dem Tabellenbuch. Schreiben Sie einen Antwortsatz.

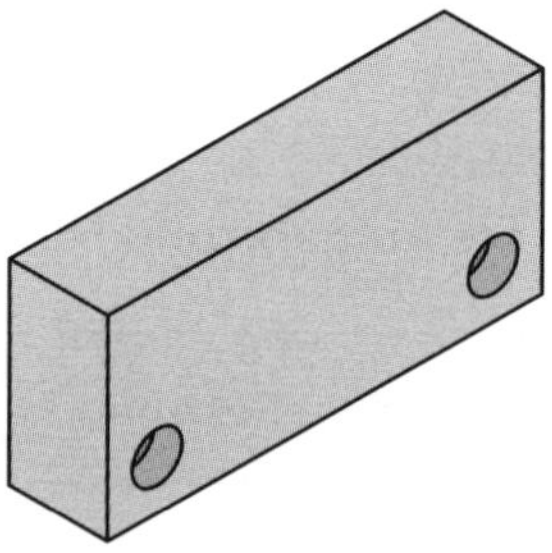

Bewertung

Punkte

U5

Laut Teileliste wird für den Lagerklotz (Pos. 6) der Werkstoff S235JR+C verwendet.
Geben Sie drei allgemeine Aussagen zum Baustahl an.

Bewertung

Punkte

U6

Entschlüsseln Sie die folgenden Angaben zum Gegengewicht (Pos. 5) aus der Teileliste:

Angabe	Bedeutung
FI DIN 10058	
EN	
40	
20	
88	

Bewertung

Punkte

U7

Zur Zylinderschraube (Pos. 8) wird die Angabe 8.8 gemacht.
Was bedeutet diese Angabe auf Schrauben allgemein?

Bewertung

Punkte

U8

Welche Messwerkzeuge eignen sich, um die Länge des Lagerklotzes (Pos. 6) zu bestimmen? Nennen Sie drei.

Bewertung

Punkte

U9

Beschreiben Sie den Ablauf eines Prüfvorgangs mit einem Grenzlehrdorn.

Bewertung

Punkte

Bewertung

U10

Bestimmen Sie die Nenn-, Höchst- und Mindestmaße, sowie die Toleranzen zu den folgenden Maßen. Verwenden Sie die Allgemeintoleranzen nach ISO 2768-1 m.

	Maß 88 mm	**Maß 5 mm**
Nennmaß		
Höchstmaß		
Mindestmaß		
Toleranz		

Punkte

Bewertung

U11

Wie kontrollieren Sie den rechten Winkel nach dem Biegen der Abdeckung (Pos. 3)?

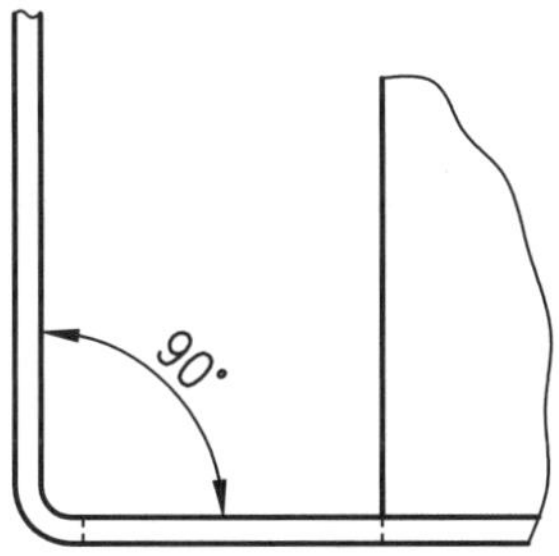

Punkte

Bewertung

U12

Was bedeutet die folgende Kennzeichnung?

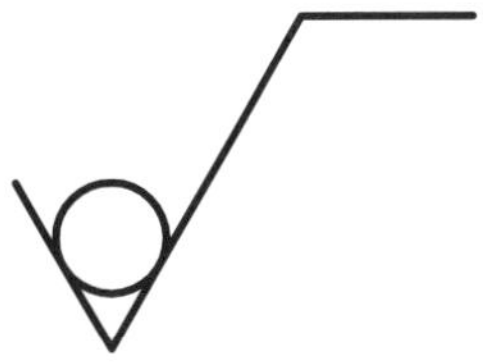

Punkte

U13

Welche Unfallverhütungsvorschriften müssen beim Bohren beachtet werden? Nennen Sie fünf.

Bewertung

Punkte

U14

Im Eingangsbereich Ihrer Werkstatt sehen Sie das folgende Gebotsschild.
Wie verhalten Sie sich?

Bewertung

Punkte

U15

Beim Bohren der Durchgangslöcher am Gegengewicht (Pos. 5) bemerken Sie, dass die Bohrung ein Übermaß aufweist. Welche drei Maßnahmen ergreifen Sie?

Bewertung

Punkte

U16

Bestimmen Sie die Drehzahl für die Durchgangsbohrung Ø 5 mm mithilfe des unten abgebildeten Drehzahldiagramms. (v_c = 40 m/min)

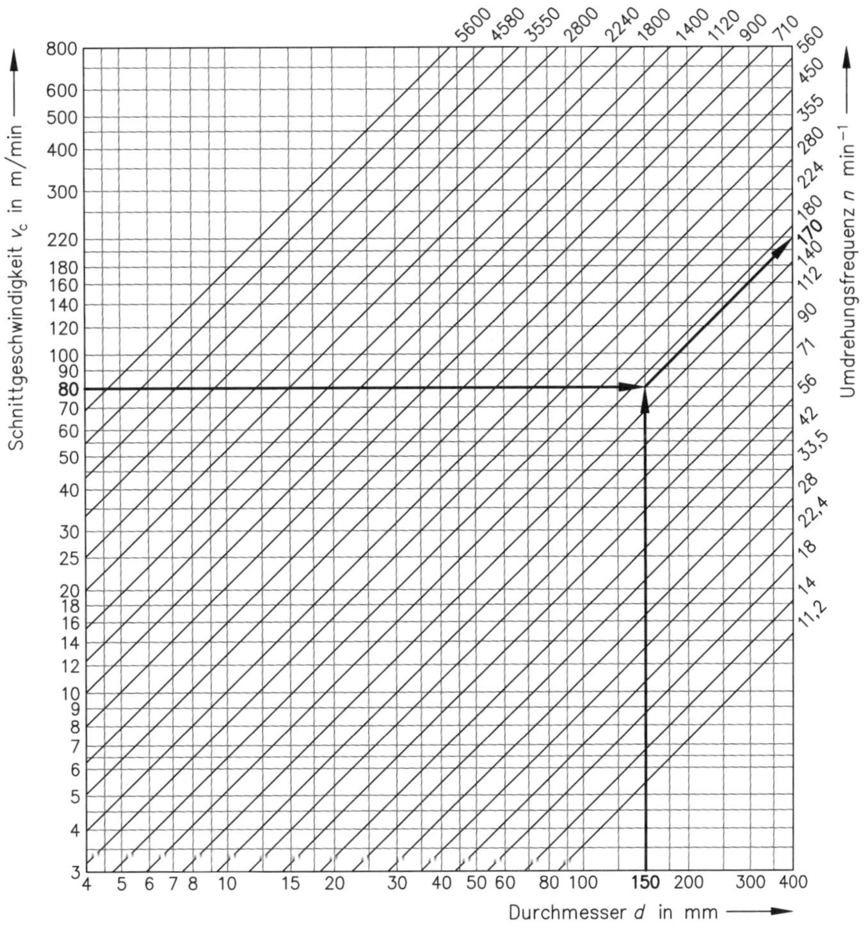

Bewertung

Punkte

U17

Ermitteln Sie die Drehzahl zur Aufgabe U16 rechnerisch. Schreiben Sie einen Antwortsatz.

Bewertung

Punkte

U18

Warum ist bei den Bohrungen Ø 5H7 am Lagerklotz beweglich (Pos. 13) die Toleranz einzuhalten?

Bewertung

Punkte

U19

Was bedeutet folgendes Schweißsymbol auf einer Fertigungszeichnung?

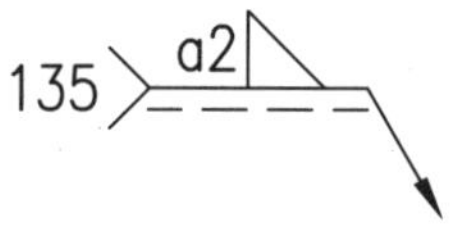

Angabe	Bedeutung
◺	
– – – –	
135	
a2	

Bewertung

Punkte

U20

Die Bügel (Pos. 1) und der Stützfuß (Pos. 9) werden mithilfe des MAG-Schweißverfahrens gefügt. Nennen Sie fünf Vorteile dieses Verfahrens.

Bewertung

Punkte

U21

Die Abdeckung (Pos. 3) und die Ablage (Pos. 2) werden durch Biegen hergestellt. Nennen Sie drei Regeln, die beim Biegen beachtet werden müssen.

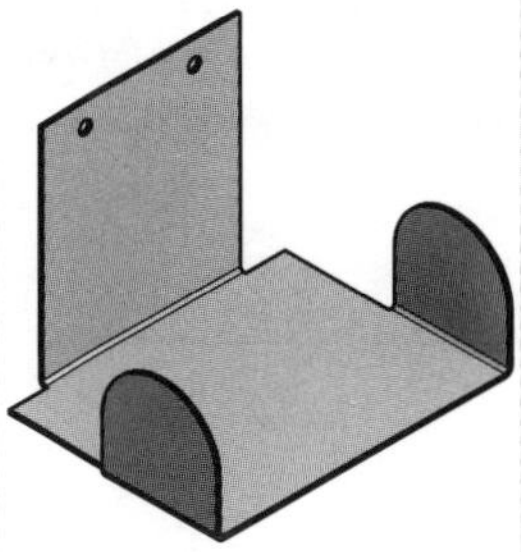

Bewertung

Punkte

U22

Der Stützfuß (Pos. 9) muss zum Biegen ausgeklinkt werden. Zeichnen Sie den Aufriss zum Ausklinken.

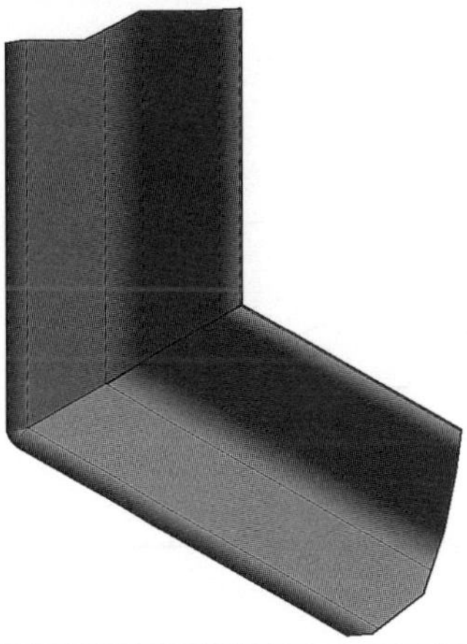

Bewertung

Punkte

U23

Erstellen Sie einen Fertigungsplan für die Ablage (Pos. 2).

Nr.	Arbeitsschritt	Benötigte Werkzeuge und Hilfsmittel
1		
2		
3		
4		
5		
6		
7		
8		
9		
10		

Bewertung

Punkte

Hinweis:
Für die Lösungen der Aufgaben **U1** bis **U23** sind maximal **230 Punkte** erreichbar.

Erreichte Punktzahl: ______ Punkte

Datum

Prüfer

Prüfung 2: Wahlurne

Wichtiger Hinweis

Für ein optimales Bearbeiten der Prüfungsaufgaben ist es empfehlenswert, die Gesamtzeichnung sowie die Einzelteilzeichnungen der Wahlurne aus dem Prüfungsbuch herauszutrennen. Sowohl die Zeichnungen als auch die Teileliste bzw. Angaben auf den Zeichnungen benötigen Sie, um die Prüfungsaufgaben lösen zu können.

Legen Sie diese Zeichnungen übersichtlich neben Ihr Prüfungsbuch und beginnen Sie dann mit dem Lösen der Aufgaben. Dafür benötigen Sie zudem einen wissenschaftlichen Taschenrechner, ein geeignetes Zeichenwerkzeug sowie ein Tabellenbuch.

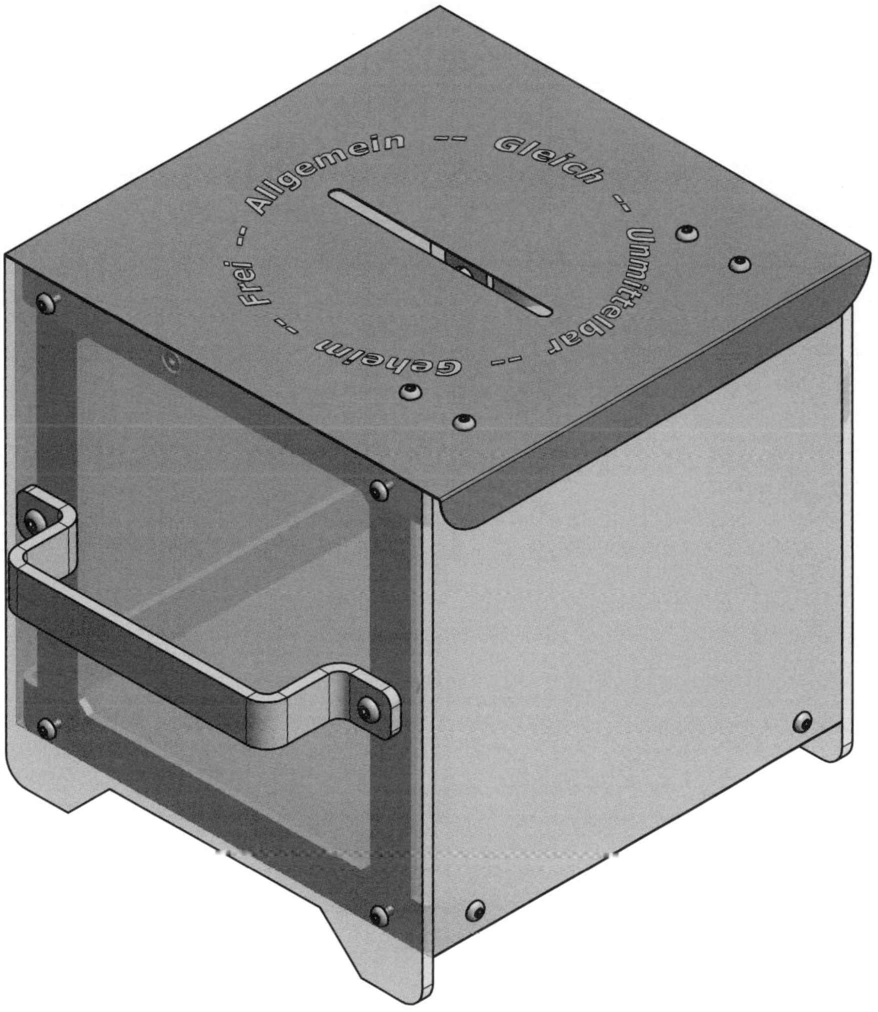

Schriftliche Aufgabenstellung

Der Prüfungssatz besteht aus folgenden Unterlagen:

Gesamtzeichnung AP1-2, Blatt 1

Einzelteilzeichnungen AP1-2, Blatt 2 bis 4

Schriftliche Aufgabenstellung Teil A (20 gebundene Aufgaben)

Schriftliche Aufgabenstellung Teil B (23 ungebundene Aufgaben)

Es sind **keine** Aufgaben abwählbar!

Die Unterlagen sind nach 120 Minuten dem Prüfer vorzulegen.

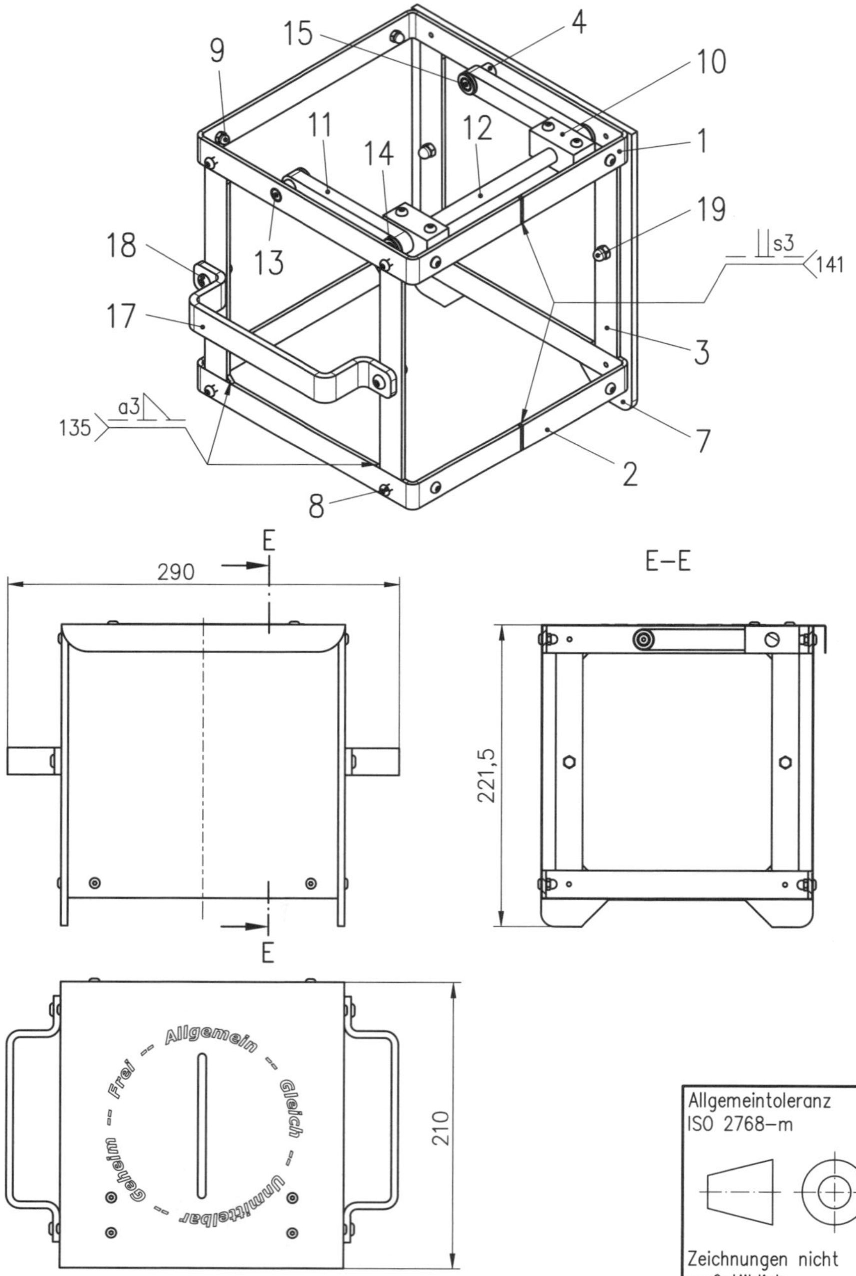

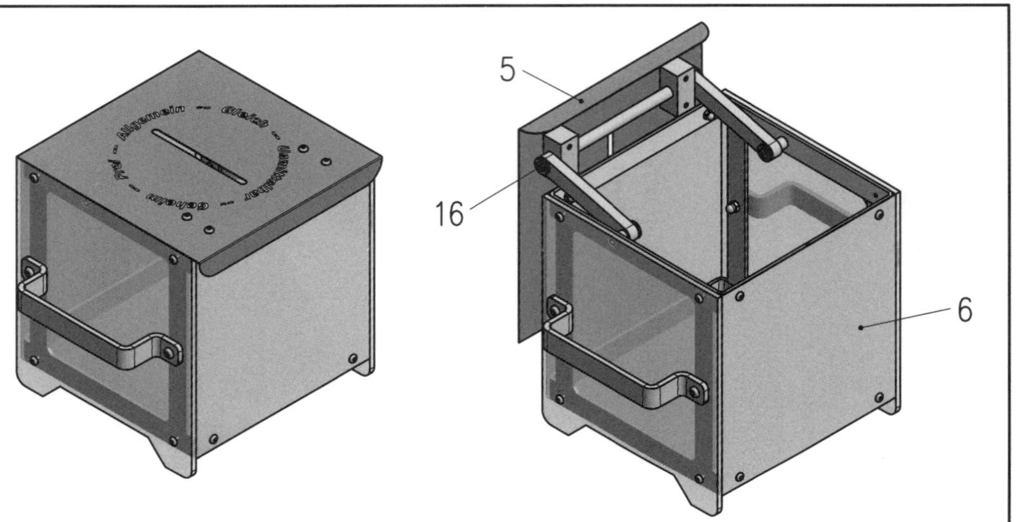

Pos.-Nr.	Stück	Benennung	Normblatt	Halbzeug	Werkstoff
19	4	Hutmutter	DIN 1587 – M5		Stahl
18	4	Schraube mit abgeflachtem Halbrundkopf mit Innensechskant	ISO 7380 – M5x16	8.8	Stahl
17	2	Griff	Fl EN 10058	5x20x240	S235JR+C
16	2	Senkschraube mit Innensechskant	ISO 10642 – M4x10	8.8	Stahl
15	2	Senkschraube mit Innensechskant	ISO 10642 – M4x8	8.8	Stahl
14	4	Achsscheibe	Rd EN 10278	15x3	S235JR+C
13	2	Senkschraube mit Innensechskant	ISO 10642 – M4x16	8.8	Stahl
12	1	Deckelachse	Rd EN 10278	10x174	S235JR+C
11	2	Dreharm	Fl EN 10058	10x15x114	S235JR+C
10	2	Deckelhalter	Vk EN 10059	20x20x40	S235JR+C
9	8	Hutmutter	DIN 1587 –M4		Stahl
8	24	Schraube mit abgeflachtem Halbrundkopf mit Innensechskant	ISO 7380 – M4x8	8.8	Stahl
7	2	Seitenscheibe	ISO 7823–2	223x201x5	PMMA, klar
6	1	Mantelblech	Bl EN 10088–2	0,5x200x610	1.4301 (X5CrNi18–10)
5	1	Deckel	Bl EN 10088–2	0,5x210x230	1.4301 (X5CrNi18–10)
4	2	Achse	Rd EN 10278	10x20	S235JR+C
3	4	Rahmenstütze	Bl EN 10130	30x3x160	S235JR+C
2	1	Rahmenbügel_unten	Bl EN 10130	30x3x780	S235JR+C
1	1	Rahmenbügel_oben	Bl EN 10130	30x3x780	S235JR+C

Allgemeintoleranz ISO 2768–m	Verantwortl. Abt.	Technische Referenz	Erstellt durch	Genehmigt von	Vorgabezeit
			Dokumentenart Gesamtzeichnung	Prüfnummer
Zeichnungen nicht maßstäblich	Metallbauer/in Konstruktionsmechaniker/in		Titel, Zusätzlicher Titel Wahlurne	AP1–2
				Änd. / Ausgabedatum / Spr. de / Blatt 1/4

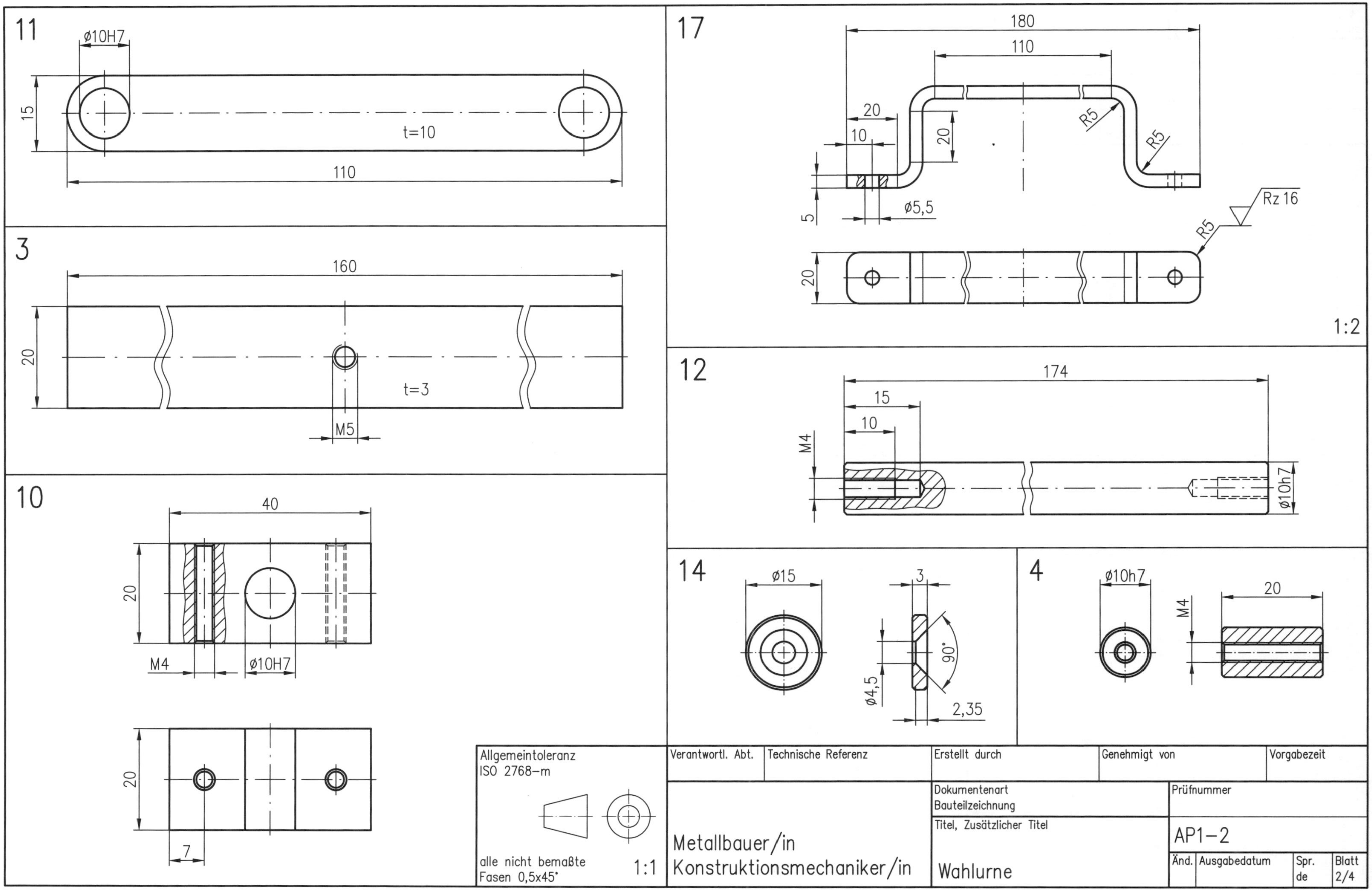

11
ø10H7
15
t=10
110
3
160
20
t=3
M5
10
40
20
M4
ø10H7
20
7
17
180
110
20
10
20
R5
R5
5
ø5,5
Rz 16
R5
20
1:2
12
174
15
10
M4
ø10h7
14
ø15
3
90°
ø4,5
2,35
4
ø10h7
M4
20
Allgemeintoleranz
ISO 2768–m
alle nicht bemaßte
Fasen 0,5x45°
1:1
Verantwortl. Abt.
Technische Referenz
Erstellt durch
Genehmigt von
Vorgabezeit
Dokumentenart
Bauteilzeichnung
Prüfnummer
Titel, Zusätzlicher Titel
Metallbauer/in
Konstruktionsmechaniker/in
Wahlurne
AP1–2
Änd.
Ausgabedatum
Spr.
de
Blatt
2/4

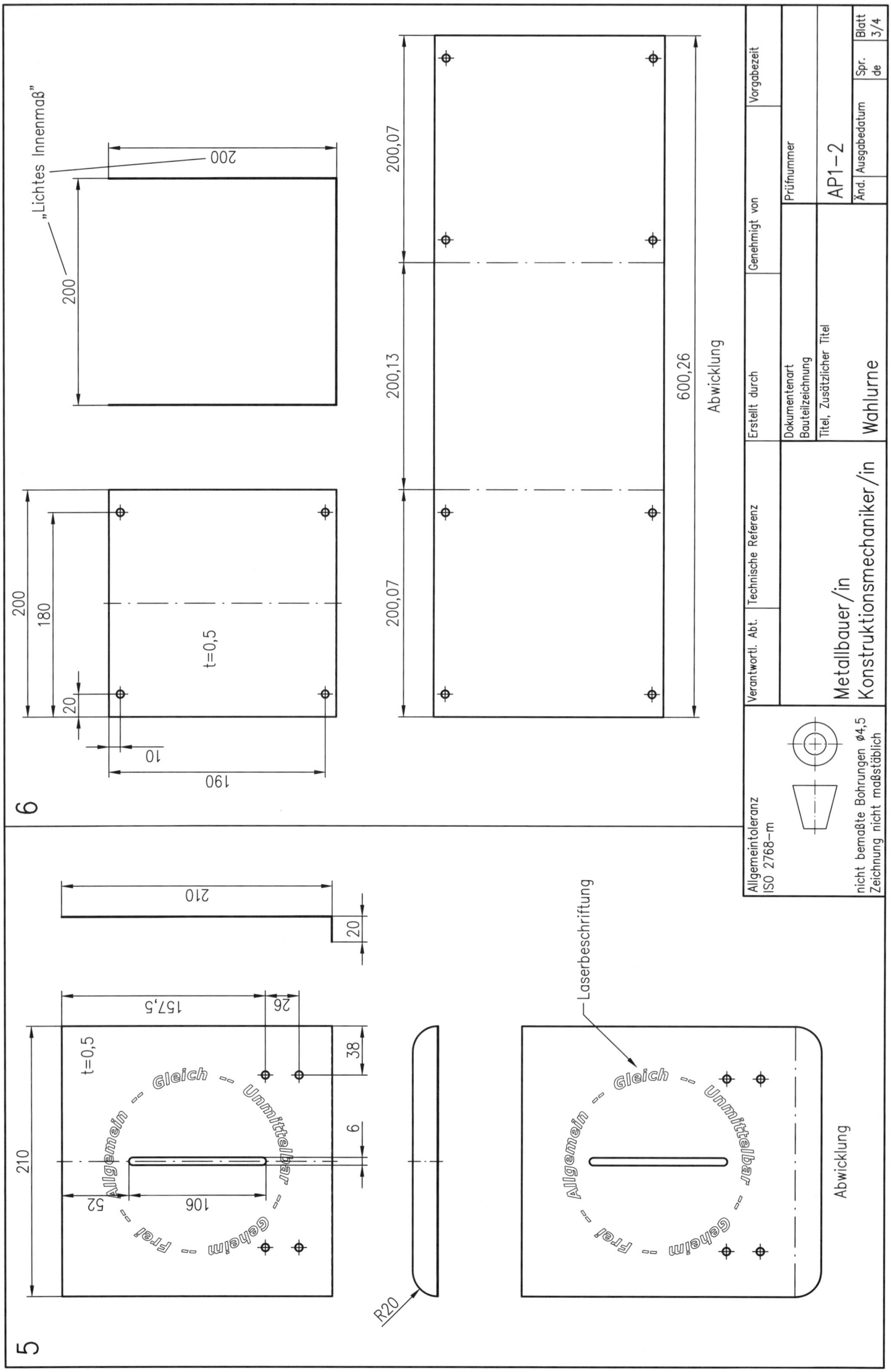

5
6
t=0,5
210
157,5
26
38
6
106
52
20
R20
Allgemein – Gleich – Unmittelbar – Geheim – Frei
Laserbeschriftung
Abwicklung
200
180
20
10
190
„Lichtes Innenmaß"
200,07
200,13
600,26
Allgemeintoleranz
ISO 2768-m
nicht bemaßte Bohrungen ø4,5
Zeichnung nicht maßstäblich
Verantwortl. Abt.
Technische Referenz
Erstellt durch
Genehmigt von
Vorgabezeit
Metallbauer/in
Konstruktionsmechaniker/in
Dokumentenart
Bauteilzeichnung
Titel, Zusätzlicher Titel
Wahlurne
Prüfnummer
AP1–2
Änd.
Ausgabedatum
Spr.
de
Blatt
3/4

1 und 2

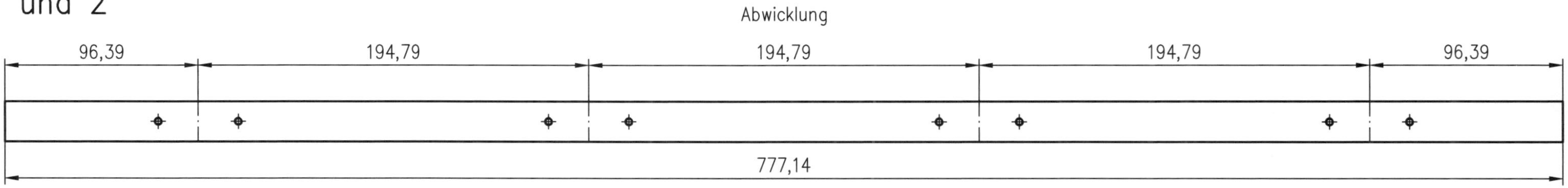

Maße der Bauteile 1 und 2 sind identisch.
Ausnahme: Bauteil 1 enthält Bohrungen in Ansicht F, Bauteil 2 nicht

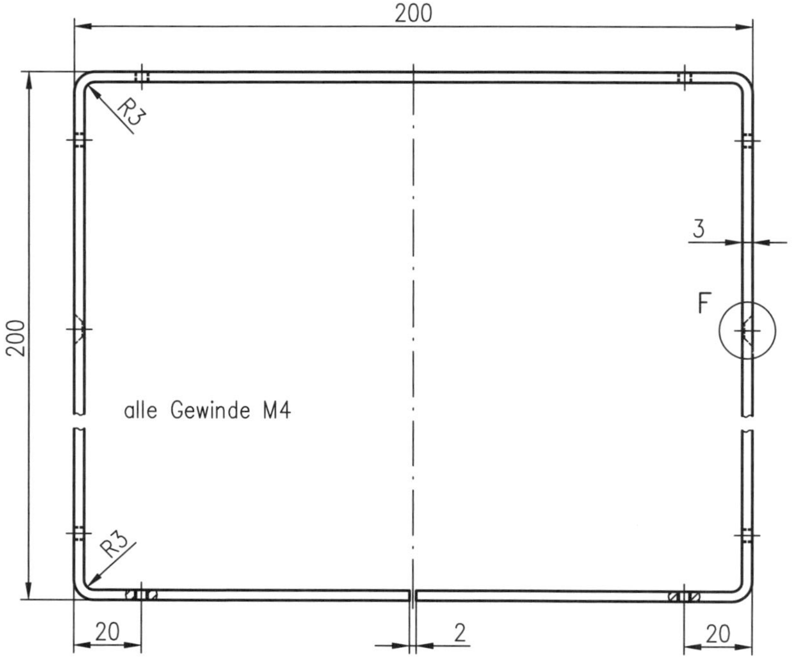

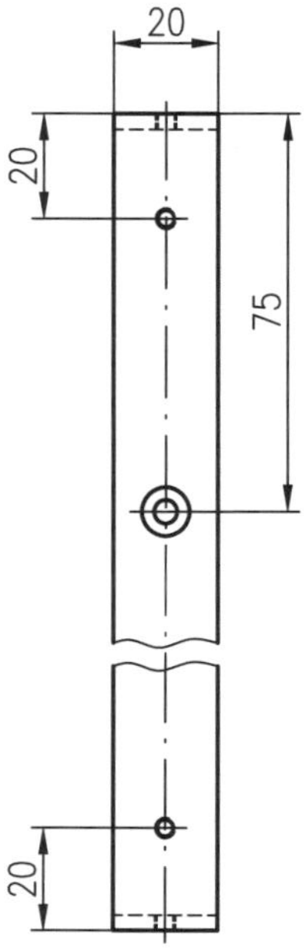

F (3:1)

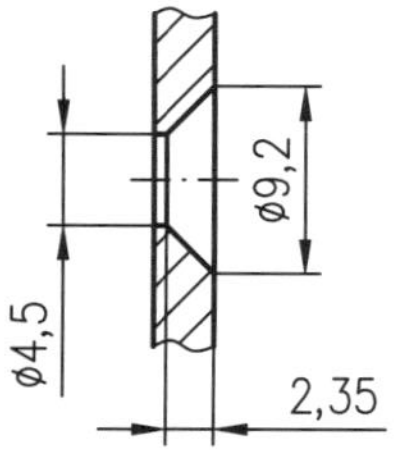

7

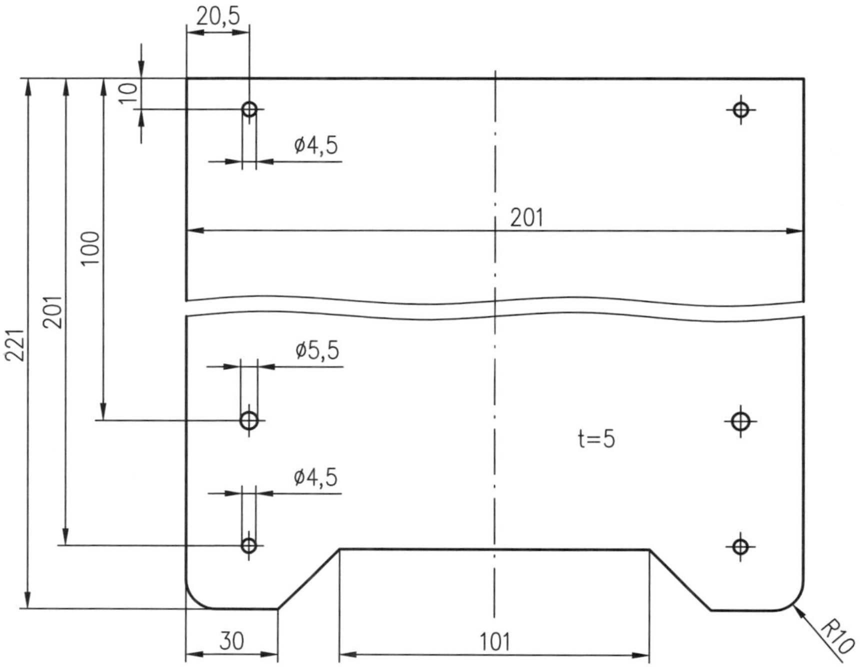

Allgemeintoleranz ISO 2768–m	Verantwortl. Abt.	Technische Referenz	Erstellt durch	Genehmigt von	Vorgabezeit
Zeichnungen nicht maßstäblich	Metallbauer/in Konstruktionsmechaniker/in		Dokumentenart Bauteilzeichnung	Prüfnummer	
			Titel, Zusätzlicher Titel: Wahlurne	AP1–2	
				Änd. / Ausgabedatum / Spr. de / Blatt 4/4	

Prüfung 2	Teil A	Metallbauer/-in Konstruktionsmechaniker/-in	Wahlurne

Sie erhalten den Auftrag, die Baugruppe, die auf der Gesamtzeichnung AP1-2 dargestellt ist, herzustellen, zu montieren und ihre Funktion zu überprüfen. Die herzustellenden Einzelteile sind den Zeichnungen AP1-2 zu entnehmen.

1

Die Seitenscheibe (Pos. 7) besteht aus dem Material PMMA. Entschlüsseln Sie diese Abkürzung mithilfe des Tabellenbuchs.

① Polyvinylchlorid
② Polymethylmethacrylat
③ Polytetrafluorethylen
④ Polyurethan
⑤ Polypropylen

2

Welche Eigenschaften hat PMMA?

① Es ist elektrisch leitend.
② Es ist schwer entflammbar.
③ Es ist glasklar.
④ Es ist bei Raumtemperatur biegsam.
⑤ Es ist leicht zerbrechlich.

3

Wie lassen sich Kunststoffe einteilen?

① Nach ihrem Aufbau der Makromoleküle
② Nach ihrer Bearbeitung
③ Nach ihrer Schwimmfähigkeit
④ Nach ihrer Leitfähigkeit
⑤ Nach ihrer Farbe

4

Beim Messen mit einem Messschieber kann es zu Messfehlern kommen. Welches fehlerhafte Messergebnis können Sie selbst nicht beeinflussen?

① Den Messfehler, der aufgrund einer fehlerhaften Einteilung der Strichskala entsteht.
② Den Messfehler, der aufgrund zu geringer Messkraft entsteht.
③ Den Messfehler, der aufgrund der Temperatur des Werkstücks entsteht.
④ Den Messfehler, der aufgrund eines Ablesefehlers entsteht.
⑤ Den Messfehler, der aufgrund des schrägen Ansetzens der Messwerkzeuge entsteht.

5

Auf der Zeichnung AP1-2 wird als Allgemeintoleranz „ISO 2768-m" angegeben. Wovon hängt diese Angabe ab?

Toleranzklasse		Grenzabmaße für **Längen** in mm für Nennmaßbereiche in mm							
Kurz-zeichen	Benen-nung	0,5 bis 3	über 3 bis 6	über 6 bis 30	über 30 bis 120	über 120 bis 400	über 400 bis 1000	über 1000 bis 2000	über 2000 bis 4000
f	fein	± 0,05	± 0,05	± 0,1	± 0,15	± 0,2	± 0,3	± 0,5	–
m	mittel	± 0,1	± 0,1	± 0,2	± 0,3	± 0,5	± 0,8	± 1,2	± 2
c	grob	± 0,2	± 0,3	± 0,5	± 0,8	± 1,2	± 2	± 3	± 4
v	sehr grob	–	± 0,5	± 1	± 1,5	± 2,5	± 4	± 6	± 8

① Von der Größe der Zeichnung

② Von der Größe des Maßstabes

③ Von den verfügbaren Messwerkzeugen

④ Von der Größe des Nennmaßes

⑤ Von der Bearbeitungsmaschine

6

Wie können Sie den Bohrungsdurchmesser Ø 10H7 im Dreharm (Pos. 11) kontrollieren?

① Mit einer Senkkopfschraube M10

② Mit einem Messschieber

③ Mit einer Bügelmessschraube

④ Mit einer Grenzrachenlehre

⑤ Mit einem Grenzlehrdorn

7

Sie fertigen die Bohrungen am Dreharm (Pos. 11) an einer Säulenbohrmaschine. Welche persönliche Schutzausrüstung darf nicht verwendet werden?

① Schutzbrille

② Schutzhandschuhe

③ Sicherheitsschuhe

④ Haarschutz

⑤ Gehörschutz

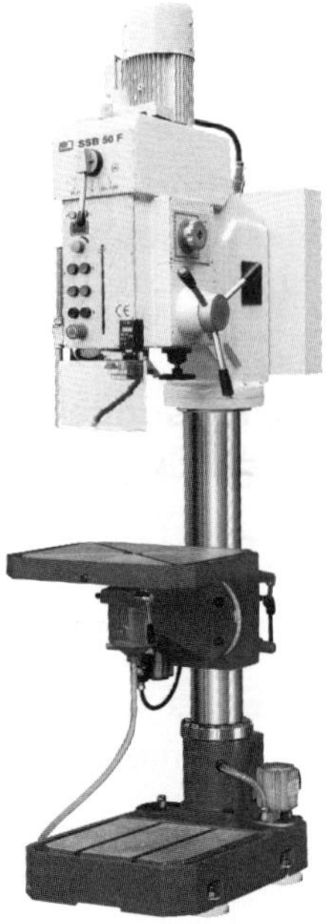

8

Welchen Spitzenwinkel sollte der Spiralbohrer aus HSS zum Bearbeiten der Seitenscheibe (Pos. 7) haben?

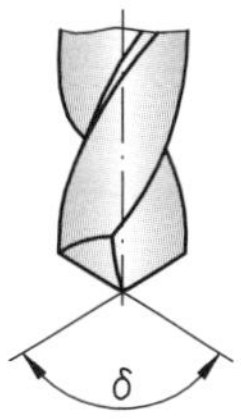

① δ = 118°

② δ = 124°

③ δ = 130°

④ δ = < 90°

⑤ δ = 90°

9

Während des Bohrens der Durchgangslöcher im Werkstück Deckelhalter (Pos. 10) bemerken Sie, dass die Standzeit des Bohrers sehr kurz ist. Welche Maßnahme bringt keinen Erfolg?

① Schneidengeometrie prüfen

② Kühlschmierstoffzufuhr erhöhen

③ Auskraglänge verkleinern

④ Schnittwerte prüfen

⑤ Hartmetallsorte prüfen

10

Warum soll die Bohrung vor dem Gewindeschneiden gesenkt werden?

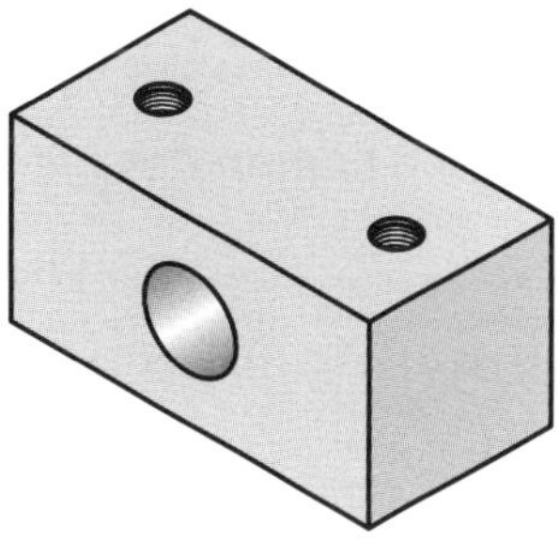

① Um den Schmutz aus der Kante zu schaben

② Um die Ausbildung der äußeren Gewindegänge zu gewährleisten

③ Um das Anschneiden des Gewindebohrers zu erleichtern

④ Um den Senker zu schonen

⑤ Um die Bohrmaschine zu schonen

11

Der Deckelhalter (Pos. 10) enthält ein Innengewinde M4. Welchen Durchmesser hat der Kernlochbohrer?

① d = 4 mm

② d = 3,3 mm

③ d = 2,1 mm

④ Beim Vorbohren: d = 4,5 mm

⑤ Der Durchmesser ist abhängig von der Gewindesteigung.

12

Die Passungen Ø 10H7 im Bauteil Dreharm (Pos. 11) werden durch Reiben hergestellt. Wodurch wird die hohe Oberflächengüte erreicht?

① Durch eine hohe Drehzahl

② Durch einschneidiges Werkzeug

③ Durch die Vermeidung von Schmiermitteln

④ Durch eine niedrige Schnittgeschwindigkeit

⑤ Durch weites Einsenken der Bohrung

13

Welche Aussage zur Bohrung Ø 10H7 am Dreharm (Pos. 11) ist richtig?

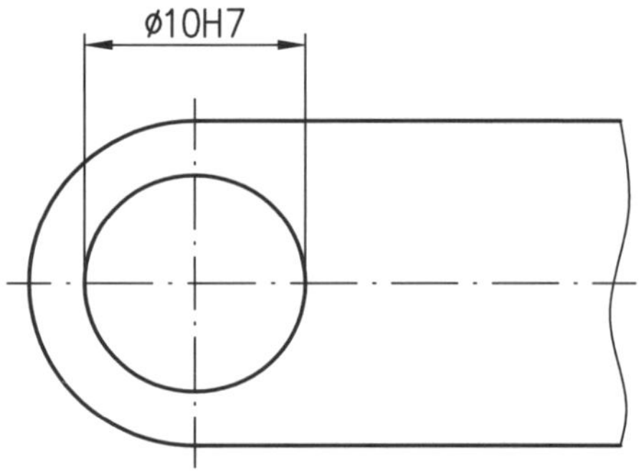

① Nennmaß = 7 mm

② Höchstmaß = 10,7 mm

③ Mindestmaß = 9,985 mm

④ Toleranz = 0,015 mm

⑤ Toleranz = 0,15 mm

14

Was ist beim Biegen des Mantelblechs (Pos. 6) zu beachten?

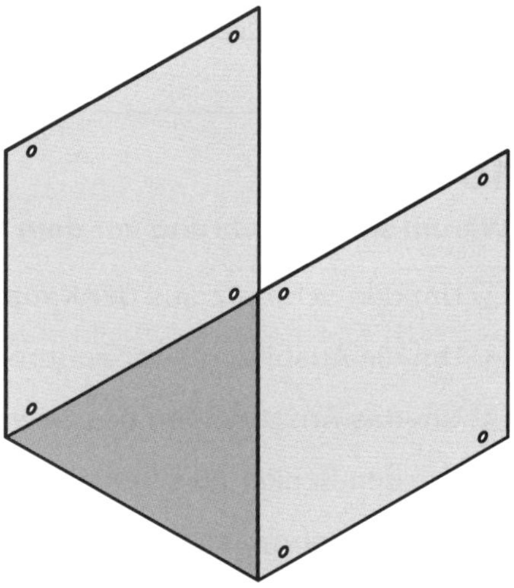

① Die Bohrungen

② Die Walzrichtung des Blechs

③ Die Biegerichtung der Biegemaschine

④ Die Kanten der Rahmenbügel

⑤ Die Kanten des Biegeblechs

15

Der Mindestbiegeradius ist ...?

① ... von der Dehnbarkeit des Werkstoffs sowie der Dicke des Werkstücks abhängig.

② ... ausschließlich von der Dehnbarkeit des Werkstoffs abhängig.

③ ... ausschließlich von der Dicke des Werkstücks abhängig.

④ ... von der Dichte und der Bruchgrenze des Materials abhängig.

⑤ ... von der neutralen Faser des Werkstoffs abhängig.

16

Laut Zeichnung AP1-2 sind einige Schweißnähte mit einem Schweißverfahren der Ordnungsnummer 135 herzustellen. Welches Schweißverfahren ist vorgesehen?

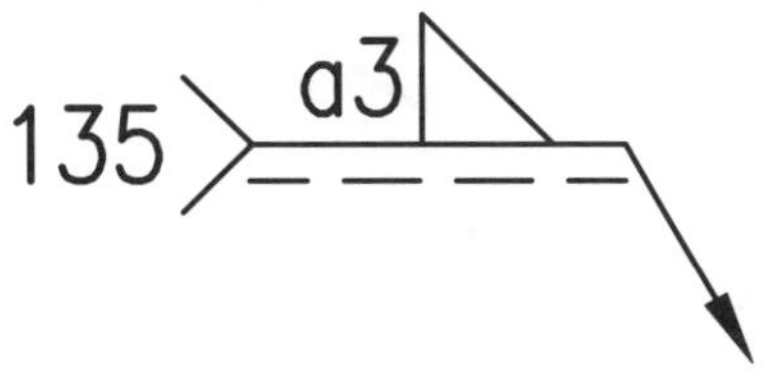

① Unterpulverschweißen
② Metall-Schutzgasschweißen
③ Metall-Aktivgasschweißen
④ Laserstrahlschweißen
⑤ WIG-Schweißen

17

Welche Aussage zum Fügen der Bauteile Rahmenbügel_unten (Pos. 2) und Rahmenstütze (Pos 3.) ist richtig?

Das Fügen der Bauteile ist ...

① ... kraftschlüssig und unlösbar.
② ... formschlüssig und lösbar.
③ ... stoffschlüssig und unlösbar.
④ ... stoffschlüssig und lösbar.
⑤ ... formschlüssig und unlösbar.

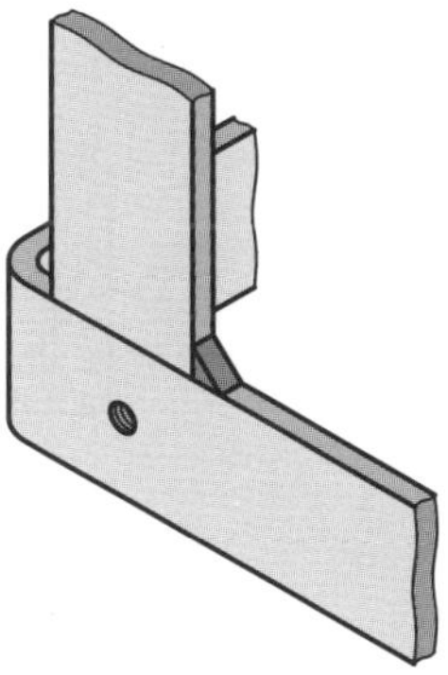

18

Sie verwenden das abgebildete Werkzeug zum Anreißen der Bohrungen am Deckelhalter (Pos. 10). Wie nennt man dieses Werkzeug?

① Stangenzirkel
② Federzirkel
③ Parallelreißer
④ Anreißschablone
⑤ Anreißprisma

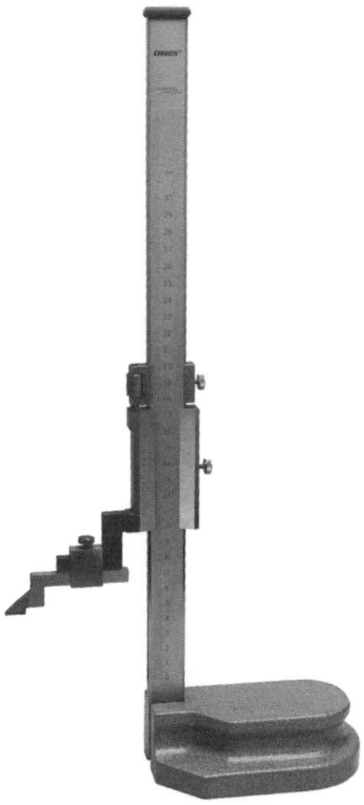

19

Wie wird der Schweißstoß genannt, mit dem der Rahmenbügel_oben (Pos. 1) geschlossen wird?

① T-Stoß

② Mehrfachstoß

③ Schließstoß

④ Überlappungsstoß

⑤ Stumpfstoß

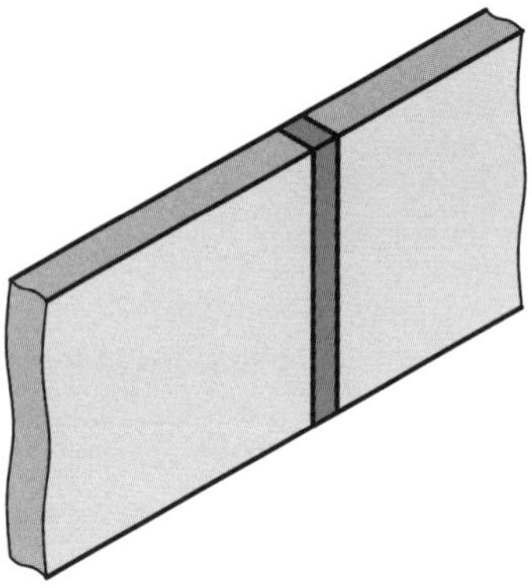

20

Welche Schweißnahtart entsteht beim Fügen der Bauteile Rahmenbügel_unten (Pos. 2) und Rahmenstütze (Pos. 3)?

①

④
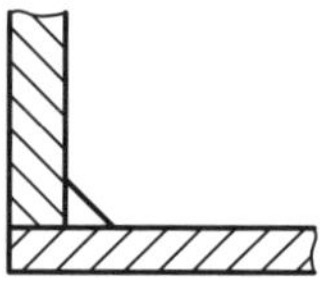

②

⑤
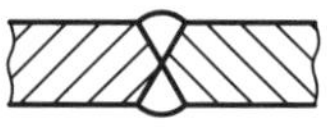

③
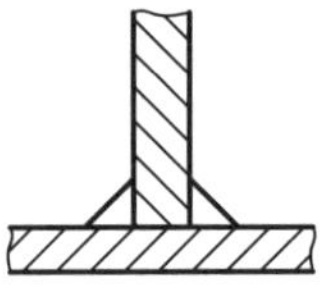

Hinweis:
Für die Lösungen der Aufgaben **1** bis **20** sind maximal **20 Punkte** erreichbar.

Erreichte Punktzahl: ______ Punkte

______ Datum

______ Prüfer

Prüfung 2	Teil B	Metallbauer/-in Konstruktionsmechaniker/-in	Wahlurne

Die Einzelteile der Baueinheit müssen Sie nach den Zeichnungen AP1-2 anfertigen. Beantworten Sie bitte die Aufgaben stets mit kurzen Sätzen.

Punkteschlüssel: 10 – 9 – 7 – 5 – 3 – 0 Punkte

U1

Bewertung

Beschreiben Sie mit eigenen Worten und in ganzen Sätzen die Funktion der Wahlurne.

Punkte

U2

Erklären Sie Aufgabe und Funktion der unten aufgeführten Bauteile der Wahlurne.

Benennung	Aufgabe und Funktion
Pos. 1: „Rahmenbügel_oben“	
Pos. 14: „Achsscheibe“	
Pos. 19: „Hutmutter“	

Bewertung

Punkte

U3

Bestimmen Sie rechnerisch die theoretische Gesamtlänge des Bauteils Griff (Pos. 17) über die neutrale Faser. Schreiben Sie einen Antwortsatz.

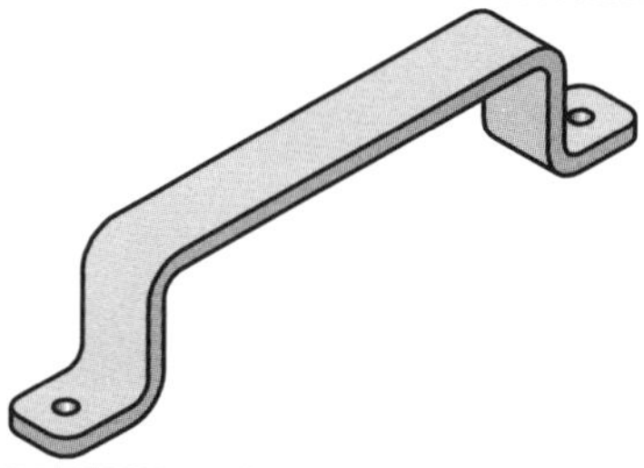

Bewertung

Punkte

Prüfung 2	Teil B	Metallbauer/-in Konstruktionsmechaniker/-in	Wahlurne

U4

Das Rahmengestell besteht aus den Bauteilen Rahmenbügel_oben (Pos. 1), Rahmenbügel_unten (Pos. 2) und Rahmenstützen (Pos. 3). Berechnen Sie die Gewichtskraft des Gestells.
Die Schweißnähte haben eine Masse von 250 g. Die Bohrungen und die Gewinde sind zu vernachlässigen.Schreiben Sie einen Antwortsatz.

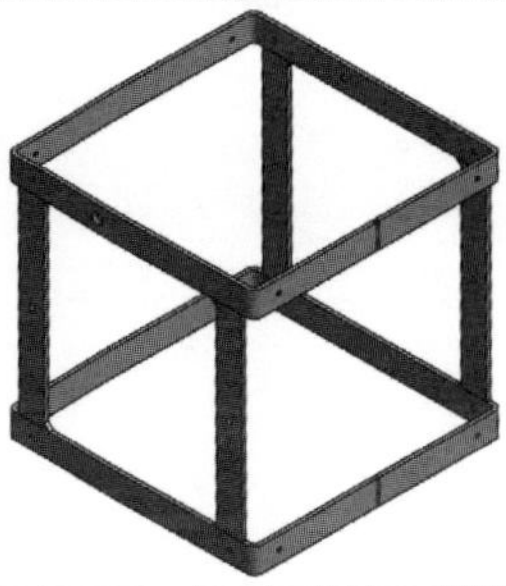

Bewertung

Punkte

Bewertung

U5

Laut Teileliste wird für das Mantelblech (Pos. 6) der Werkstoff 1.4301 verwendet.
Nennen Sie fünf Eigenschaften dieses Materials.

Punkte

Bewertung

U6

Entschlüsseln Sie folgende Angaben zum Deckelhalter (Pos. 10) aus der Teileliste:

Angabe	Bedeutung
VK	
EN	
10059	
20	
40	

Punkte

Prüfung 2	Teil B	Metallbauer/-in Konstruktionsmechaniker/-in	Wahlurne

U7

Als Werkstoffangabe finden Sie beim Mantelblech (Pos. 6) die Angabe X5CrNi18-10. Erläutern Sie diese Bezeichnung des Werkstoffs.

Bewertung

Punkte

U8

Bestimmen Sie die Zugfestigkeit und die Streckgrenze der Senkschraube (Pos. 13).

Angabe	Wert in N/mm^2
R_m	
R_e	

Bewertung

Punkte

U9

Nach dem Schweißen messen Sie die Außenmaße des Rahmengestells. Nennen Sie drei Strichmaßemit einer Ablesegenauigkeit von mindestens 1 mm.

Bewertung

Punkte

U10

Beschreiben Sie den Prüfvorgang mit einer Grenzrachenlehre.

Bewertung

Punkte

U11

Wie prüfen Sie die Rechtwinkligkeit des Rahmengestells nach dem Schweißen?

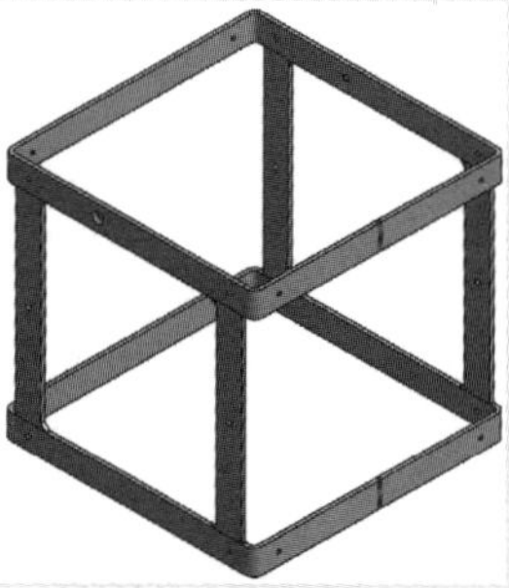

Bewertung

Punkte

U12

Welche Anreißwerkzeuge und -hilfsmittel verwenden Sie zur Kennzeichnung der Bohrungen am Bauteil Griff (Pos. 17)? Nennen Sie vier.

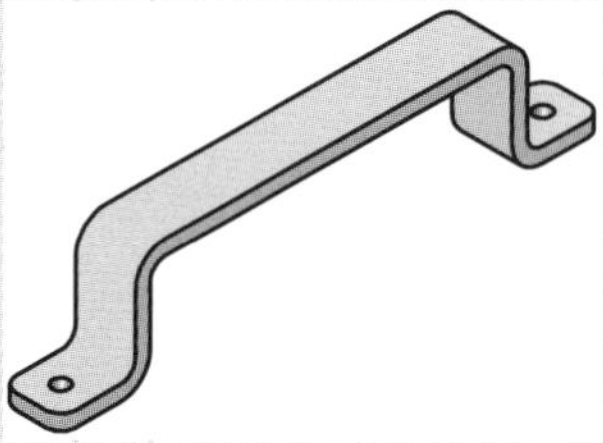

Bewertung

Punkte

U13

Was bedeutet die folgende Kennzeichnung?

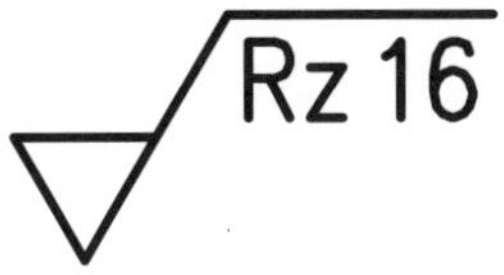

Bewertung

Punkte

U14

Sie fertigen die Bohrungen mit einer Handbohrmaschine. Was müssen Sie zusätzlich beachten? Zählen Sie fünf Verhaltensweisen auf.

Bewertung

Punkte

U15

Im Eingangsbereich Ihrer Werkstatt sehen Sie folgendes Gebotsschild.
Wie verhalten Sie sich?

Bewertung

Punkte

U16

Beim Bohren der Durchgangslöcher am Bauteil Griff (Pos. 17) bemerken Sie, dass es zu starken Vibrationen der Bohrmaschine kommt. Welche drei Maßnahmen ergreifen Sie?

Bewertung

Punkte

U17

Ermitteln Sie mithilfe des Tabellenbuchs die Schnittgeschwindigkeit für das Reiben der Passung Ø 10H7 mit einer HSS-Reibahle.

Bewertung

Punkte

Bewertung

U18

Bestimmen Sie die Drehzahl für das Reiben der Passung Ø 10H7 mithilfe des unten abgebildeten Drehzahldiagramms und der Schnittgeschwindigkeit aus Aufgabe U17. Falls Sie in U17 zu keinem Ergebnis gekommen sind, verwenden Sie v_c = 30 m/min.

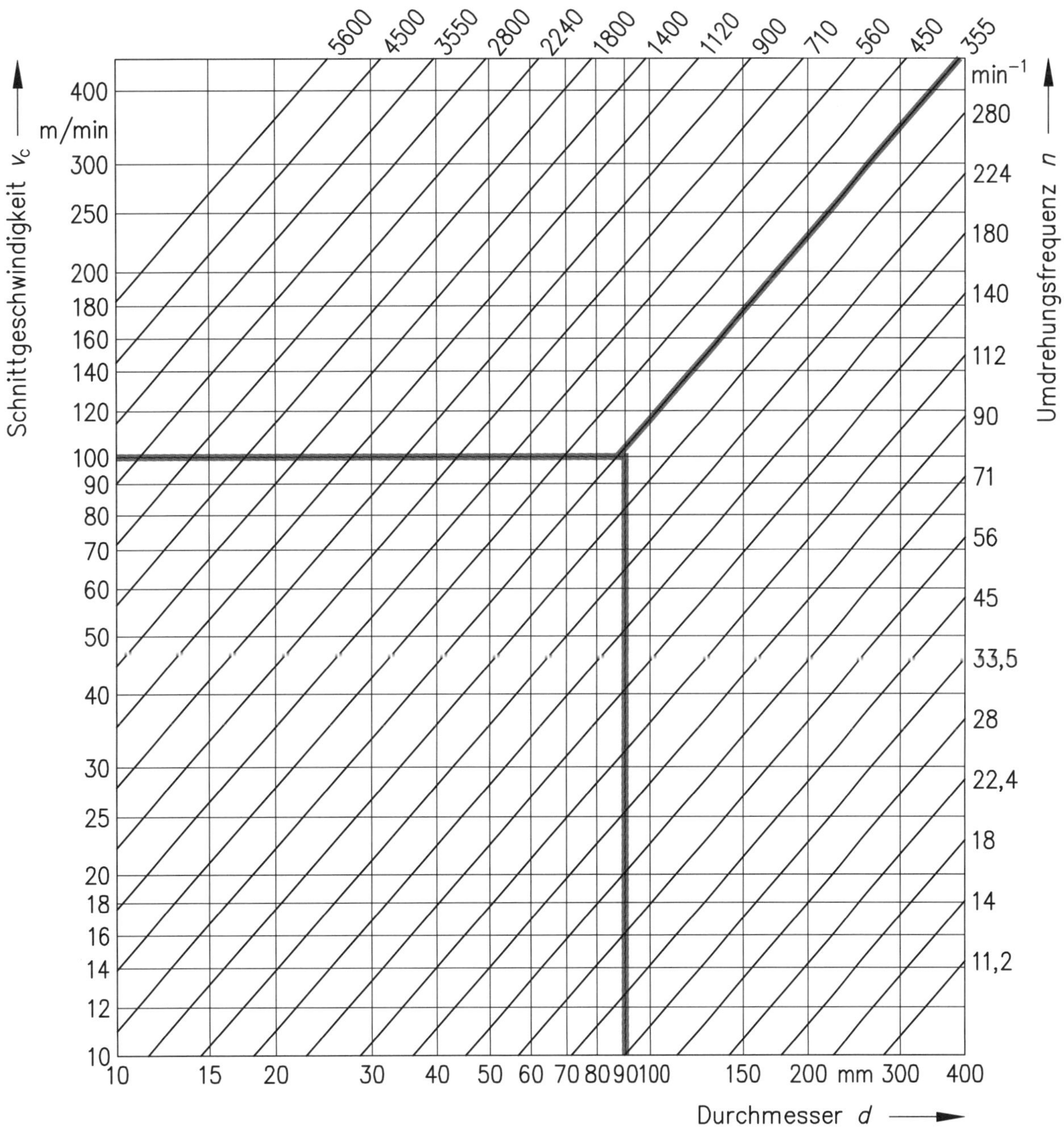

Punkte

U19

Ermitteln Sie die Drehzahl zur Aufgabe U18 rechnerisch. Schreiben Sie einen Antwortsatz.

Bewertung

Punkte

U20

Warum ist bei den Passungen Ø 10H7 am Dreharm (Pos. 11) zwingend die Toleranz einzuhalten?

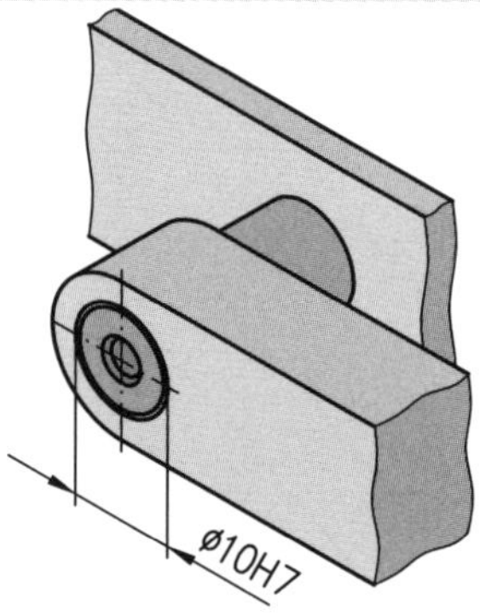

Bewertung

Punkte

U21

Was bedeutet folgendes Schweißsymbol auf der Fertigungszeichnung AP1-2?

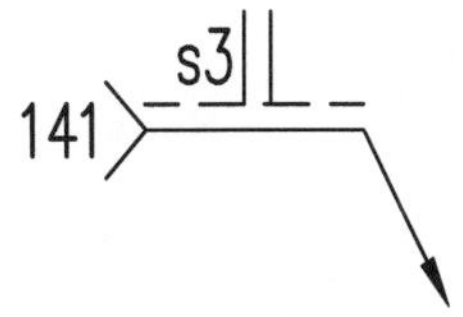

Angabe	Bedeutung
||	

141	
s3	

Bewertung

Punkte

U22

Berechnen Sie das Prüfmaß *X* zur Kontrolle der Winkligkeit nach dem Schweißen. Schreiben Sie einen Antwortsatz.

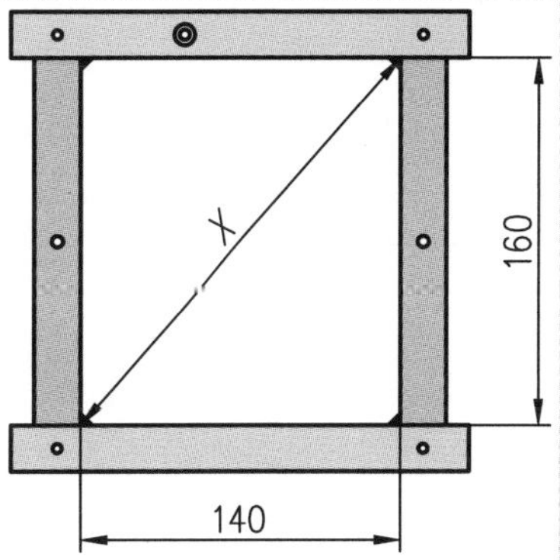

Bewertung

Punkte

Prüfung 2	Teil B	Metallbauer/-in Konstruktionsmechaniker/-in	Wahlurne

Bewertung

U23

Erstellen Sie einen Fertigungsplan für das Bauteil Dreharm (Pos. 11).

Nr.	Arbeitsschritt	Benötigte Werkzeuge und Hilfsmittel
1		
2		
3		
4		
5		
6		
7		
8		
9		

Punkte

Hinweis:
Für die Lösungen der Aufgaben **U1** bis **U23** sind maximal **230 Punkte** erreichbar.

Erreichte Punktzahl: ______ Punkte

Datum

Prüfer

Prüfung 3: Schutzbox

Wichtiger Hinweis

Für ein optimales Bearbeiten der Prüfungsaufgaben ist es empfehlenswert, die Gesamtzeichnung sowie die Einzelteilzeichnungen der Bohrschablone aus dem Prüfungsbuch herauszutrennen. Sowohl die Zeichnungen als auch die Teileliste bzw. Angaben auf den Zeichnungen benötigen Sie, um die Prüfungsaufgaben lösen zu können.

Legen Sie diese Zeichnungen übersichtlich neben Ihr Prüfungsbuch und beginnen Sie dann mit dem Lösen der Aufgaben. Dafür benötigen Sie zudem einen wissenschaftlichen Taschenrechner, ein geeignetes Zeichenwerkzeug sowie ein Tabellenbuch

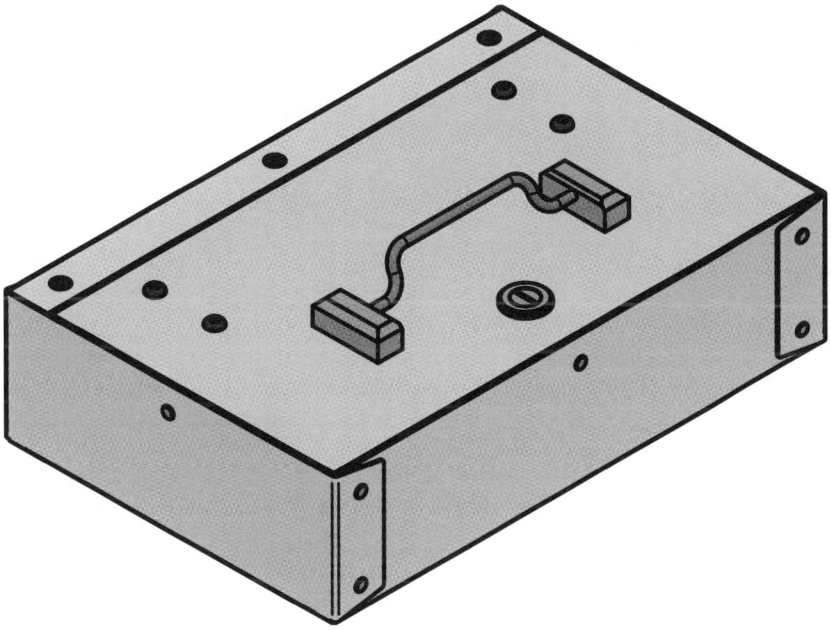

Schriftliche Aufgabenstellung

Der Prüfungssatz besteht aus folgenden Unterlagen:

Gesamtzeichnungen AP1-3, Blatt 1

Einzelteilzeichnungen AP1-3, Blatt 2 bis 4

Schriftliche Aufgabenstellung Teil A (20 gebundene Aufgaben)

Schriftliche Aufgabenstellung Teil B (23 ungebundene Aufgaben)

Es sind **keine** Aufgaben abwählbar!

Die Unterlagen sind nach 120 Minuten dem Prüfer vorzulegen.

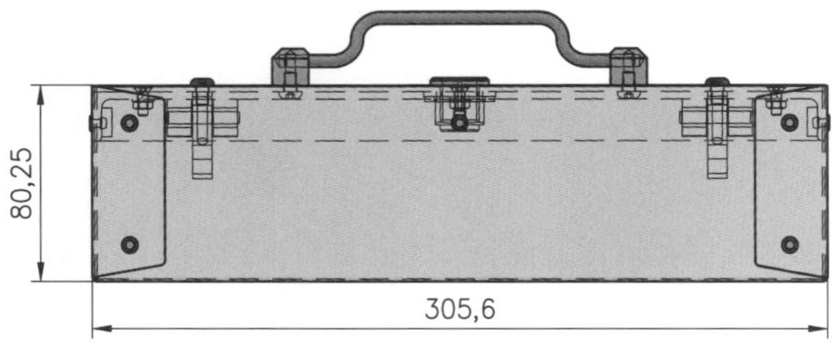

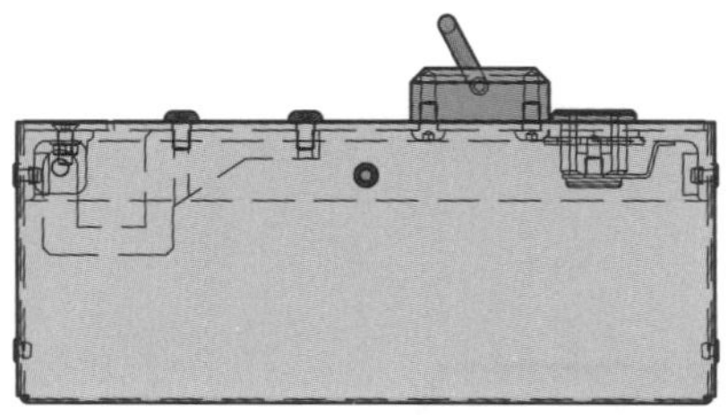

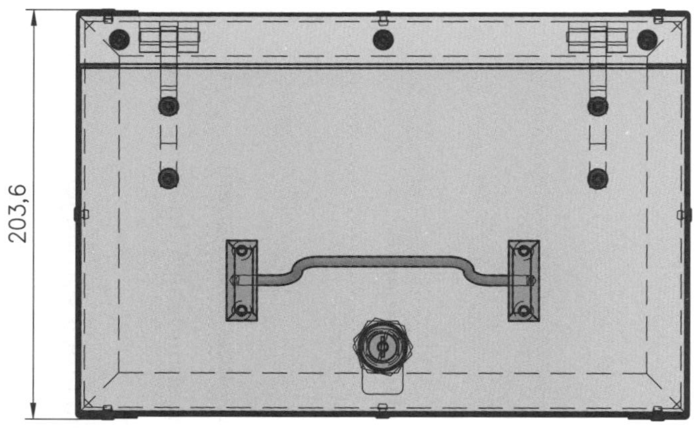

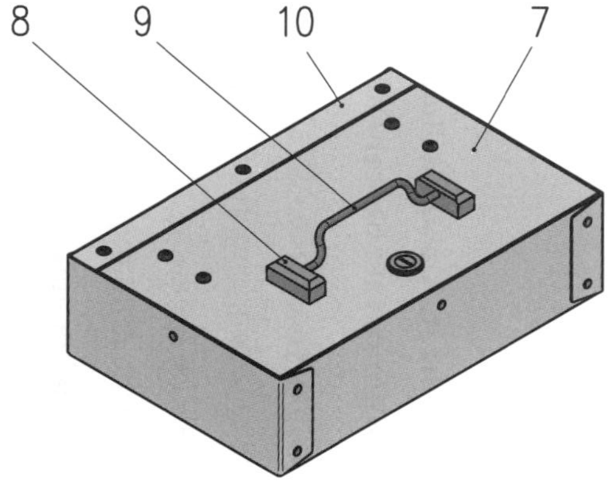

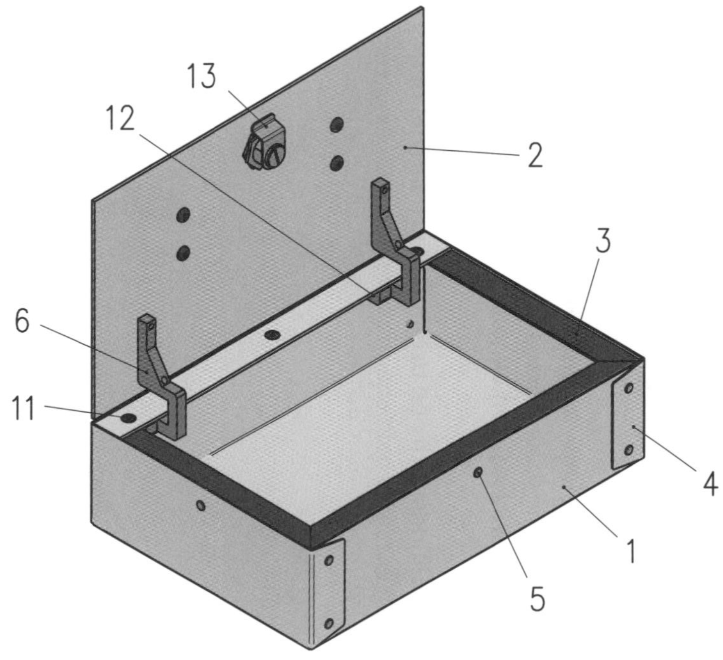

Pos.-Nr.	Stück	Benennung	Normblatt	Halbzeug	Werkstoff
13	3	Schloss			
12	2	Zylinderstift	ISO 8734 – 5x30		C1
11	3	Innensechskantschraube mit Senkkopf	ISO 10642 – M4x12		St
10	1	Rahmenblende	EN AW 1050A	310x24x2,5	3.0255
9	1	Grif	Rd DIN Ms 58	ø5	CuZn39Pb2
8	1	Griffhalter	Vk EN 10059	15x15x40	S235JR+C
7	8	Innensechskant-Rundkopfschraube	ISO 7380-1 M5x8		St
6	2	Drehhebel	Fl EN 10278	80x40x8	S235JR
5	8	Blindniet	DIN 7337 – A3,2x6		AlA-St
4	4	Blindniet	DIN 7337 – A3,2x6		AlA-St
3	1	Profilrahmen	L DIN EN 10056-1	20x20x3	St
2	1	Deckelblech	EN AW 1050A	300x171x2,5	3.0255
1	1	Blechbox	EN AW 1050A	461x357x1	3.0255

Allgemeintoleranz ISO 2768-m

Zeichnungen nicht maßstäblich

Verantwortl. Abt.	Technische Referenz	Erstellt durch	Genehmigt von	Vorgabezeit

Metallbauer/in
Konstruktionsmechaniker/in

Dokumentenart: Übersichtszeichnung

Titel, Zusätzlicher Titel: Schutzbox

Prüfnummer: AP1-3

Änd.	Ausgabedatum	Spr.	Blatt
		de	1/4

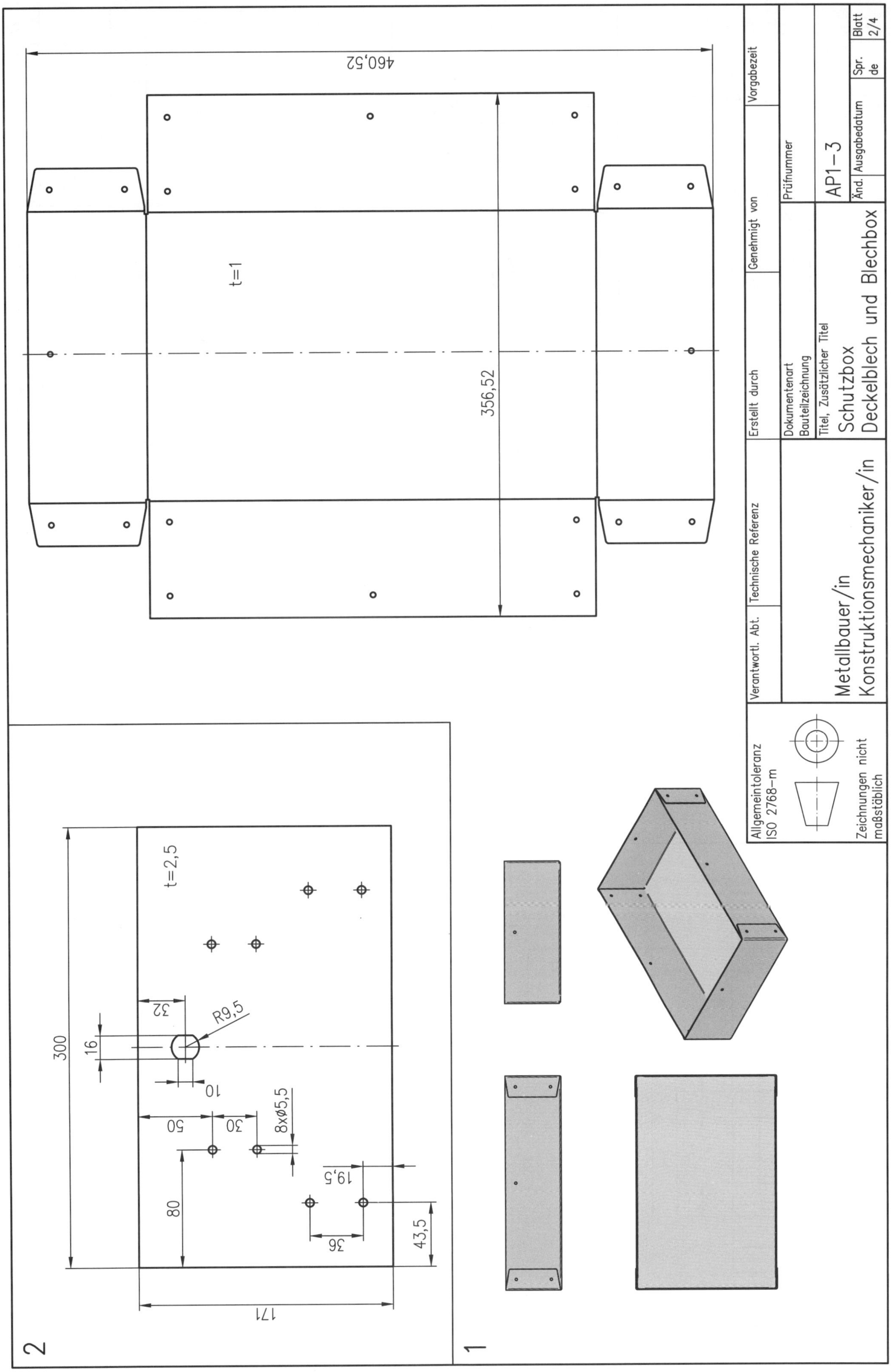
460,52
356,52
t=1
300
171
t=2,5
32
R9,5
16
10
50
30
8xø5,5
80
19,5
36
43,5
2
1
Allgemeintoleranz
ISO 2768–m
Zeichnungen nicht maßstäblich
Verantwortl. Abt.
Technische Referenz
Erstellt durch
Genehmigt von
Vorgabezeit
Dokumentenart
Bauteilzeichnung
Prüfnummer
Metallbauer/in
Konstruktionsmechaniker/in
Titel, Zusätzlicher Titel
Schutzbox
Deckelblech und Blechbox
AP1–3
Änd.
Ausgabedatum
Spr.
de
Blatt
2/4

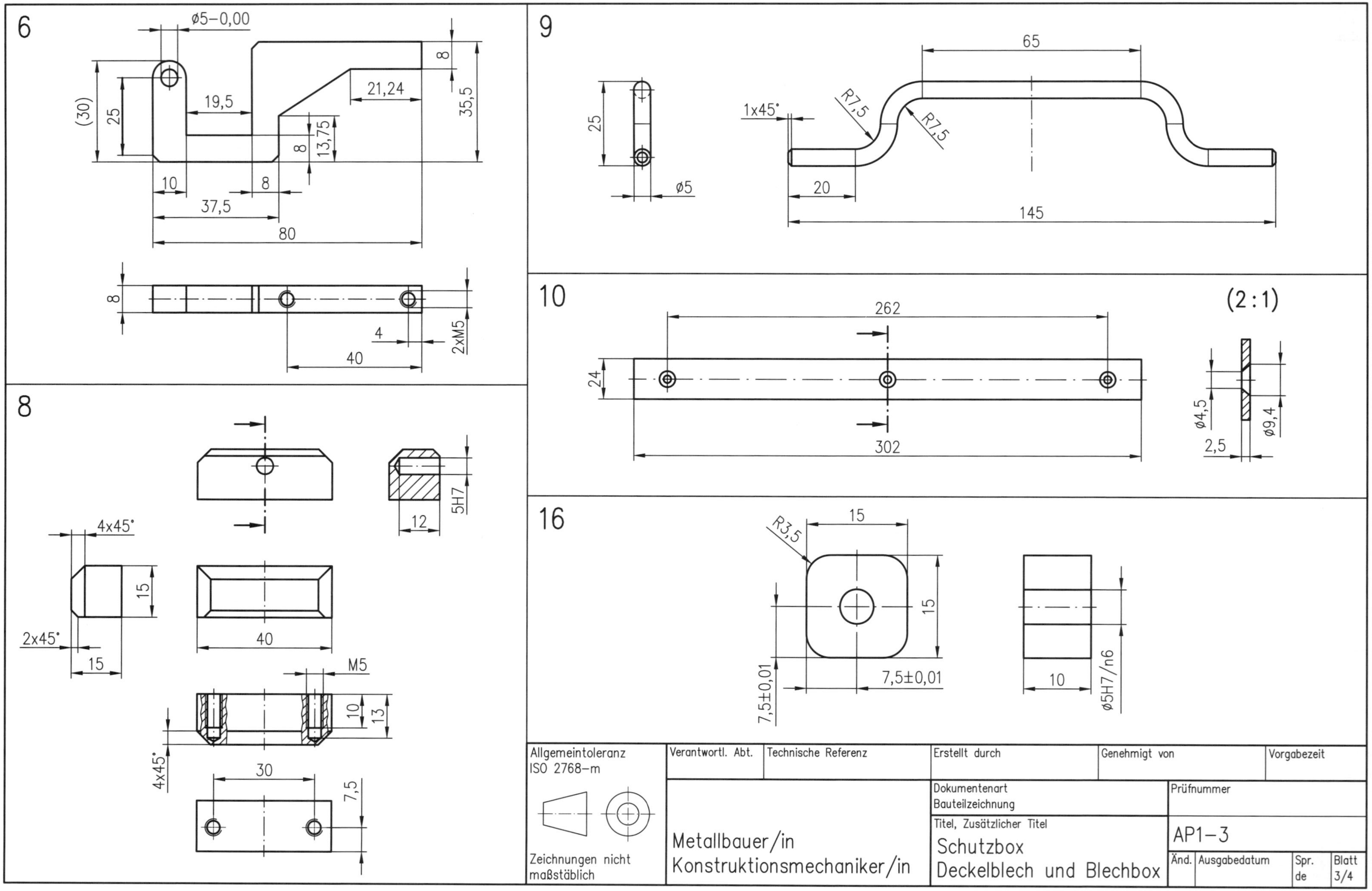

6
ø5–0,00
(30)
25
19,5
21,24
8
35,5
13,75
10
37,5
80
2xM5
4
40
9
65
R7,5
1x45°
25
ø5
20
145
10
262
(2:1)
24
302
ø4,5
2,5
ø9,4
8
4x45°
15
2x45°
5H7
12
M5
13
4x45°
30
7,5
16
R3,5
7,5±0,01
ø5H7/n6
Allgemeintoleranz ISO 2768–m
Zeichnungen nicht maßstäblich
Verantwortl. Abt.
Technische Referenz
Erstellt durch
Genehmigt von
Vorgabezeit
Metallbauer/in
Konstruktionsmechaniker/in
Dokumentenart
Bauteilzeichnung
Titel, Zusätzlicher Titel
Schutzbox
Deckelblech und Blechbox
Prüfnummer
AP1–3
Änd.
Ausgabedatum
Spr.
de
Blatt
3/4

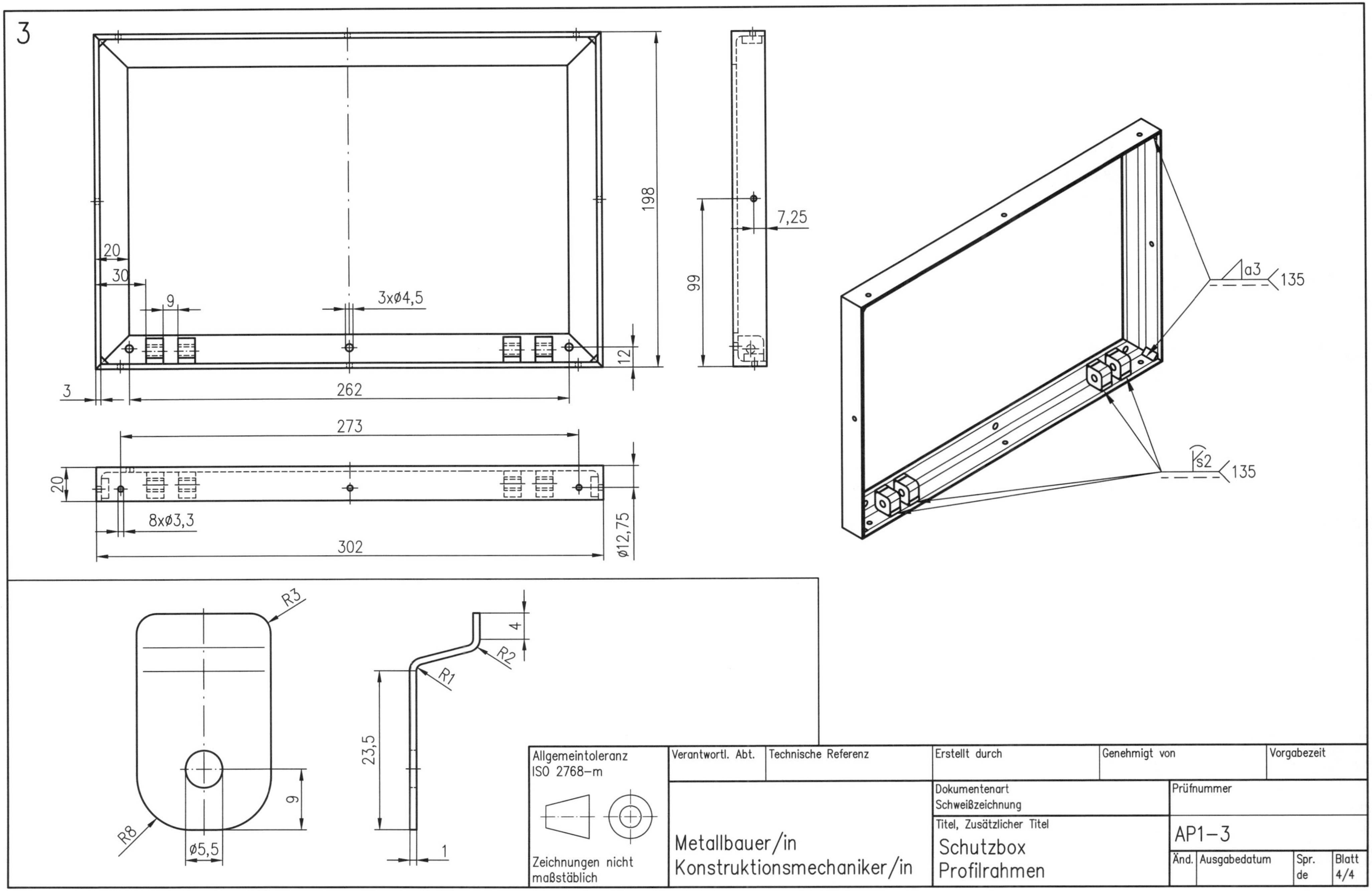
3
198
20
30
9
3x⌀4,5
12
3
262
66
7,25
273
20
8x⌀3,3
302
⌀12,75
a3
135
s2
135
R3
R8
⌀5,5
6
4
R2
R1
23,5
1
Allgemeintoleranz
ISO 2768-m
Zeichnungen nicht maßstäblich
Verantwortl. Abt.
Technische Referenz
Erstellt durch
Genehmigt von
Vorgabezeit
Dokumentenart
Schweißzeichnung
Prüfnummer
Titel, Zusätzlicher Titel
Metallbauer/in
Konstruktionsmechaniker/in
Schutzbox
Profilrahmen
AP1-3
Änd.
Ausgabedatum
Spr.
de
Blatt
4/4

Prüfung 3	Teil A	Metallbauer/-in Konstruktionsmechaniker/-in	Schutzbox

Sie erhalten den Auftrag, die Baugruppe, die auf der Gesamtzeichnung AP1-3 dargestellt ist, herzustellen, zu montieren und ihre Funktion zu überprüfen. Die herzustellenden Einzelteile sind den Zeichnungen AP1-3 zu entnehmen.

1

Werkstoffe haben verschiedene Eigenschaften. Welche Aussage trifft zu?

① Plastizität ist die Eigenschaft eines Werkstoffs, sich in bestimmten Grenzen bleiben umzuformen.

② Härte ist die Eigenschaft eines Werkstoffs, sich nach Entlasten wieder zurückzubilden.

③ Wärmeleitfähigkeit ist die Eigenschaft eines Werkstoffs, sich bei Temperaturänderung auszudehnen.

④ Festigkeit ist die Eigenschaft eines Werkstoffs, sich bleibend (fest) zu verformen.

⑤ Gießbarkeit ist die Eigenschaft eines Werkstoffs, sich bleibend umzuformen.

2

Woraus besteht der Werkstoff des Bauteils Blechbox (Pos. 1)?

① Nichtmetalleisen

② Naturwerkstoff

③ Schwermetall

④ Stahl

⑤ Leichtmetall

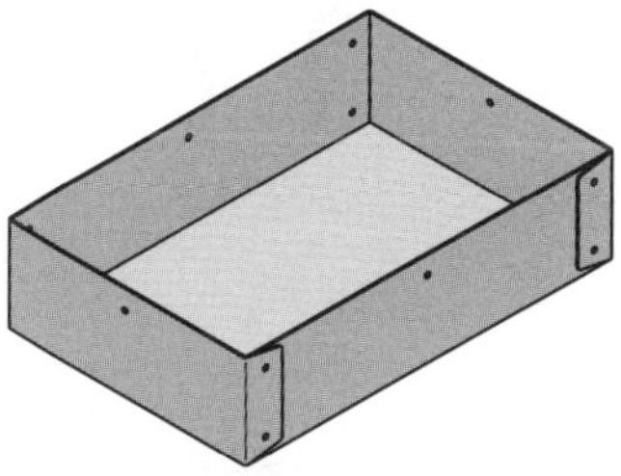

3

Welcher Stoff ist kein Hilfsstoff?

① Kühlschmierstoff

② Treibstoff

③ Druckluft

④ Reinigungsmittel

⑤ Baustahl

4

Wie prüfen Sie die Winkligkeit der Blechbox (Pos. 1) nach dem Biegen mit einem 90°-Haarwinkel?

① Angelegten Winkel und Werkstück gegen das Licht halten

② Angelegten Winkel und Werkstück vom Licht abwenden

③ Haar zwischen Winkel und Werkstück legen

④ Haarlineal, Winkel und Werkstück gegen eine Lichtquelle stellen

⑤ Haarwinkel sind zum Prüfen der Winkligkeit nicht geeignet

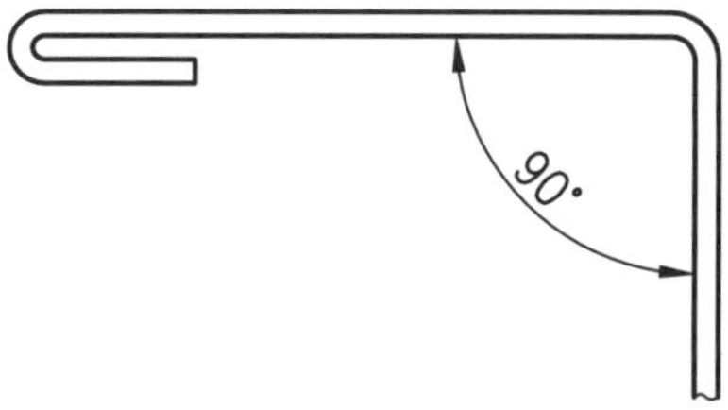

5

Was versteht man in der Prüftechnik unter Lehren?

① Exakte Ermittlung eines Maßes

② Unterrichtung von Messtechniken

③ Vergleich eines Prüfteils mit einer Lehre

④ Grobe Ermittlung eines Maßes

⑤ Feststellung zufälliger Fehler

6

Welches Messwerkzeug eignet sich für das Messen der Phasen des Griffhalters (Pos. 8)?

①

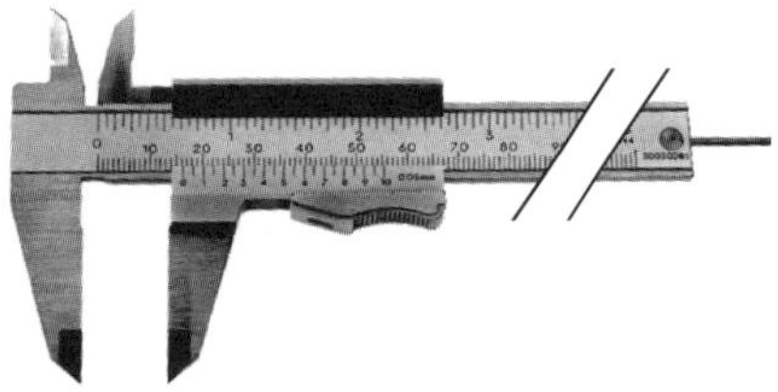

④

②

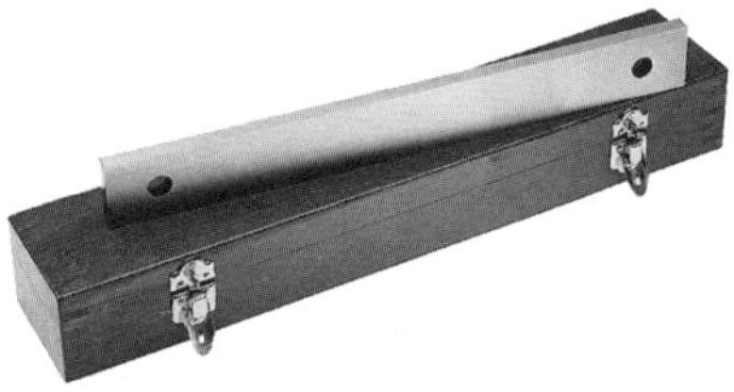

⑤

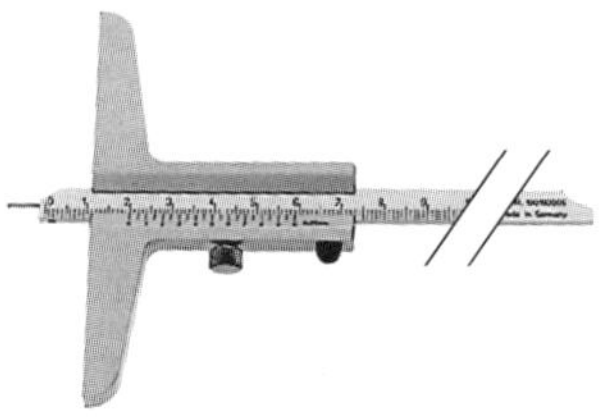

③

7

Wie kann in der Werkstatt die Walzrichtung eines Blechs ermittelt werden?

① Durch die Klangprobe

② Durch die Feilprobe

③ Durch die Schleiffunkprobe

④ Durch die Hin- und Herbiegeprobe

⑤ Durch die Ölkochprobe

8
Welche Aussage zum Umgang mit Kühlschmierstoff (KSS)-Emulsionen ist falsch?

① Die KSS-Emulsionen sind regelmäßig auf ihre Konzentration zu prüfen.

② Der KSS-Kontakt mit der Haut über einen längeren Zeitraum ist zu meiden.

③ Die KSS-Emulsionen sind ausschließlich mit Gummihandschuhen zu berühren.

④ Der KSS-Kontakt mit Schleimhäuten ist zu meiden.

⑤ Die KSS-Emulsionen sind sachgerecht zu entsorgen

9
Welche Bewegung beim Bohren ist rechtwinklig zum Werkstück?

① Die Vorschubbewegung

② Die Drehbewegung

③ Die Drallbewegung

④ Die Spannbewegung

⑤ Die Spanbewegung

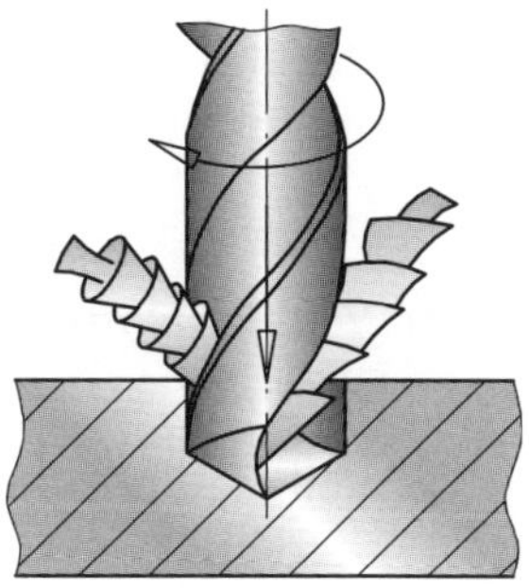

10
Welchen Vorteil haben beschichtete HSS-Bohrer gegenüber unbeschichteten HSS-Bohrern?

① Niedrige Standzeit bei höherer Schnittgeschwindigkeit und größerem Vorschub

② Höhere Standzeit bei höherer Schnittgeschwindigkeit und größerem Vorschub

③ Höhere Standzeit bei niedriger Schnittgeschwindigkeit und größerem Vorschub

④ Höhere Standzeit bei höherer Schnittgeschwindigkeit und niedrigem Vorschub

⑤ Niedrige Standzeit bei niedriger Schnittgeschwindigkeit und niedrigem Vorschub

11
Welche Aussage trifft bei Bohrern zu?

① Der Drallwinkel bestimmt den Freiwinkel.

② Der Hinterschliff bestimmt den Spanwinkel.

③ Der Freiwinkel, der Keilwinkel und der Spanwinkel ergeben einen 90°-Winkel.

④ Der Keilwinkel und der Spanwinkel legen den Spitzenwinkel fest.

⑤ Der Spitzenwinkel, der Drallwinkel und der Freiwinkel ergeben einen 90°-Winkel.

12

Warum fertigen Sie die Passung Ø H7 im Bauteil Griffhalter (Pos. 8) mit einem Bohrer *d* = 4,8 mm?

① Um die Bohrmaschine zu schonen

② Um die Passung ausreichend groß zu fertigen

③ Um die Reibahle zu entlasten

④ Um das Senken zu sparen

⑤ Um die Bearbeitungszugabe für das Reiben zu berücksichtigen

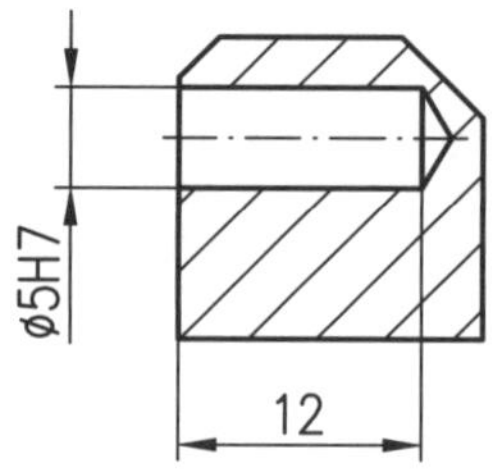

13

Bei der Herstellung der Griffhalter (Pos. 8) müssen die Bohrungen Ø 5H7 gerieben werden. Warum hat die Reibahle eine gerade Zähnezahl, aber eine ungerade Zahnteilung?

① Weil sich die Spanabfuhr dadurch verbessert

② Weil das Rattern dadurch vermieden und die Oberfläche glatter wird

③ Weil die Bohrungen dadurch nicht exzentrisch werden

④ Weil die Schnittkräfte dadurch geringer werden

⑤ Weil das Schmiermittel dadurch einges part wird

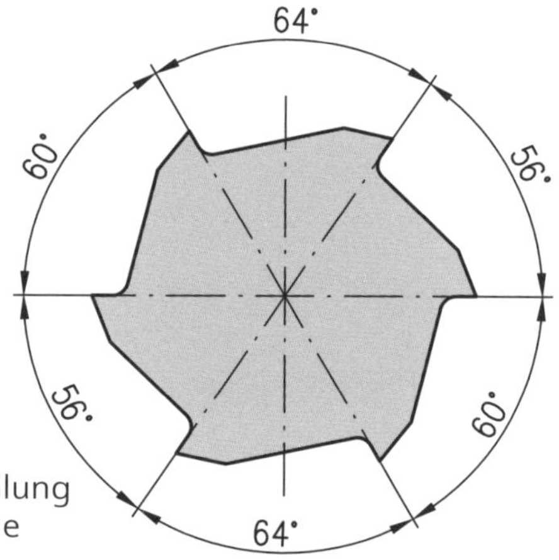

Schneldentellung einer Relbahle

14

Nach dem Bohren wollen Sie den Grat maschinell entfernen. Wie wird dieses Bohrverfahren genannt?

① Entgraten

② Profilsenken

③ Planansenken

④ Planeinsenken

⑤ Flachsenken

15

Die Gewinde in M5 am Drehhebel (Pos. 6) schneiden Sie von Hand mit einem Gewindebohrersatz. Wodurch unterscheiden sich die drei abgebildeten Gewindebohrer?

① Durch das Vierkant am Schaftende

② Durch die Gesamtlänge der einzelnen Bohrer

③ Durch die gleiche Anschnittlänge

④ Durch die unterschiedlich ausgestalteten Gewindeprofile

⑤ Durch die Gewindesteigung

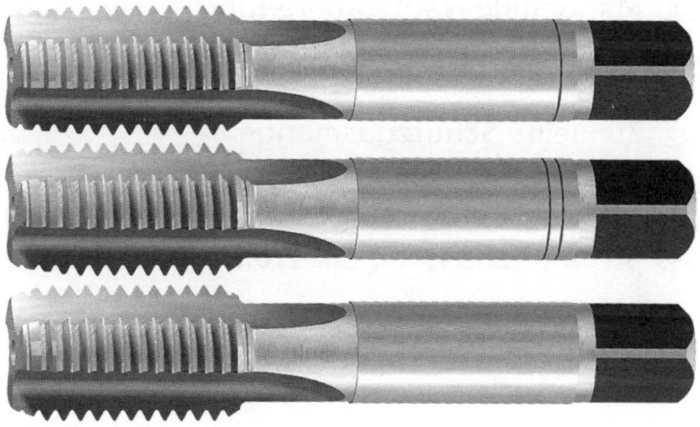

16

Wie nennt man die abgebildete Versteifung der Blechkante?

① Einfacher Umschlag

② Doppelter Umschlag

③ Bördelkante

④ Sicke

⑤ Falz

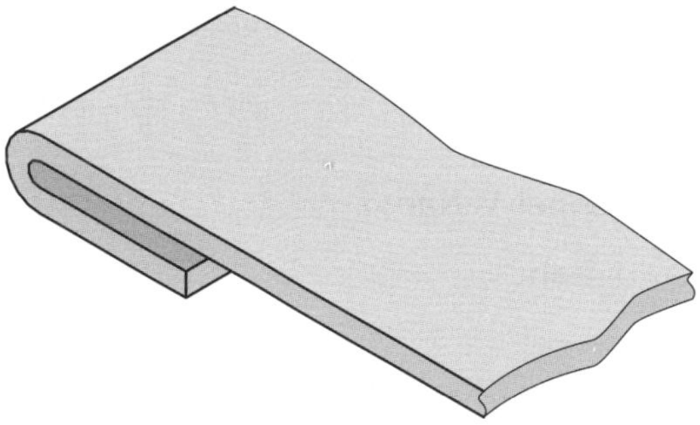

17

Sie biegen die Blechbox (Pos. 1) im Schraubstock. Wie schützen Sie dabei die Oberfläche des Bauteils?

① Durch ein langsames Umbiegen

② Durch die Verwendung von Beilagen oder Spannvorrichtungen

③ Durch die Vergrößerung des Mindestbiegeradius

④ Durch die Zugabe von Oberflächenschutzspray

⑤ Durch die Verwendung eines Schlosserhammers mit glatten Oberflächen

18

Nach dem Schweißen des Profilrahmens (Pos. 3) bemerken Sie Poren auf der Schweißnaht. Welche Ursache können diese haben?

① Mangelnde Nahtvorbereitung

② Zu langer Lichtbogen

③ Zu kleine Schutzgasmenge

④ Zu hohe Schweißstromstärke

⑤ Stromüberlastung der Wolframelektrode

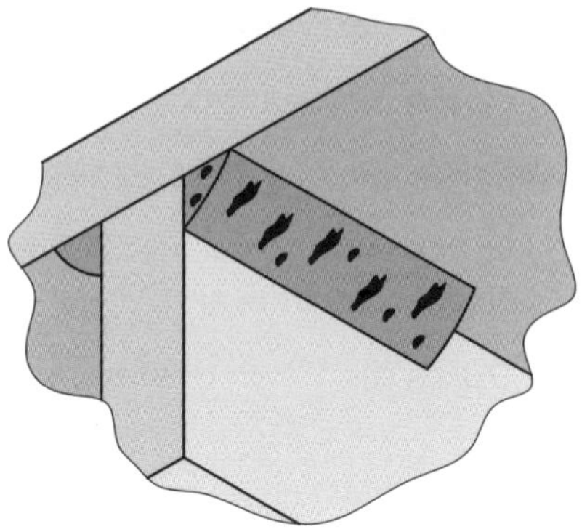

19

Welche Schweißnaht entsteht beim Fügen der Ecken des Profilrahmens (Pos. 3)?

① Kehlnaht, mehrlagig

② Kehlnaht, einlagig

③ V-Naht

④ Doppel-V-Naht

⑤ U-Naht

20

Laut Angabe auf der Drahtelektrode soll als Schutzgas M24 verwendet werden. Welches Gas ist mit dieser Bezeichnung gemeint?

① Inertes Gas

② Oxidierendes Mischgas

③ Stark oxidierendes Mischgas

④ Reduzierendes Mischgas

⑤ Reaktionsträges Gas

Hinweis:
Für die Lösungen der Aufgaben **1** bis **20** sind maximal **20 Punkte** erreichbar.

Erreichte Punktzahl: ______ Punkte

Datum ______ Prüfer ______

Die Einzelteile der Baueinheit müssen Sie nach den Zeichnungen AP1-3 anfertigen.
Beantworten Sie die Aufgaben stets mit kurzen Sätzen.

Punkteschlüssel: 10 – 9 – 7 – 5 – 3 – 0 Punkte

U1

Beschreiben Sie mit eigenen Worten und in ganzen Sätzen die Funktion der Schutzbox.

Bewertung

Punkte

U2

Erklären Sie Aufgabe und Funktion der unten aufgeführten Bauteile der Schutzbox.

Benennung	Aufgabe und Funktion
Pos. 6: „Drehhebel“	
Pos. 10: „Rahmenblende“	
Pos. 3: „Profilrahmen“	

Bewertung

Punkte

U3

Bestimmen Sie rechnerisch die theoretische Gesamtlänge des Bauteils Griff (Pos. 9) über die neutrale Faser. Schreiben Sie einen Antwortsatz

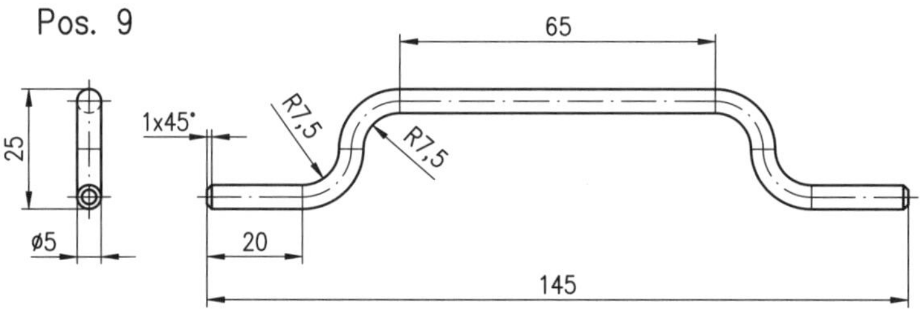

Bewertung

Punkte

Bewertung

U4

Als Werkstoffangabe finden Sie beim Griffhalter (Pos. 8) die Angabe S235JR+C. Erläutern Sie diese Bezeichnung des Werkstoffs.

Angabe	Bedeutung
S	
235	
JR	
+C	

Punkte

Bewertung

U5

Erklären Sie mit eigenen Worten, warum die Drehhebel (Pos. 6) eine Aussparung haben.

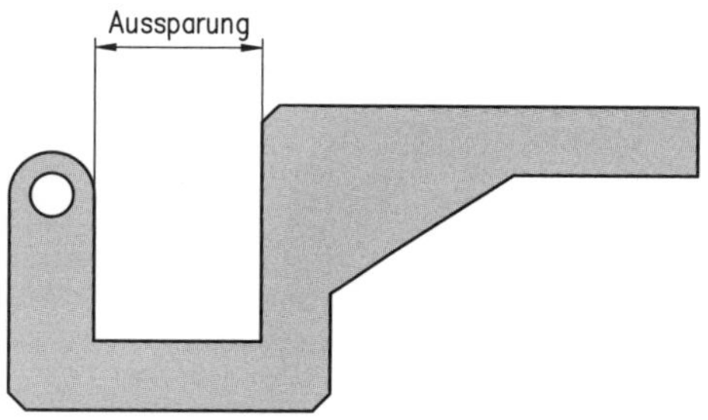

Punkte

Bewertung

U6

Berechnen Sie das Anziehmoment der Innensechskantschrauben (Pos. 11) bei einer Handkraft $F = 60$ N und einem Hebelarm $l = 140$ mm. Schreiben Sie einen Antwortsatz.

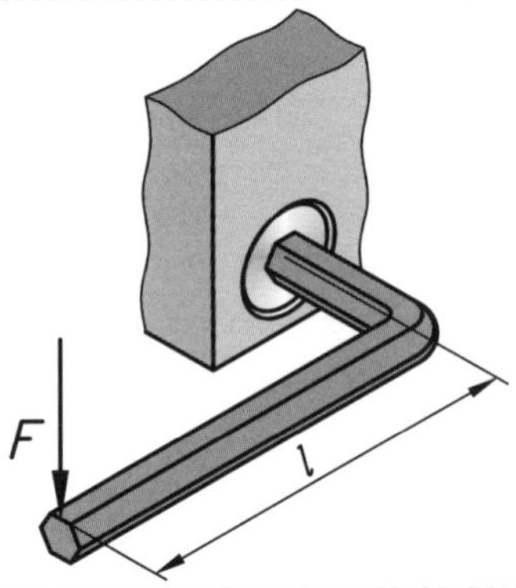

Punkte

Bewertung

U7

Um das Bauteil Drehhebel (Pos. 6) zu fertigen, sägen Sie mit einer Handbügelsäge. Nennen Sie drei Möglichkeiten des Sägeblattherstellers, einen Freischnitt des Sägeblattes zu erreichen.

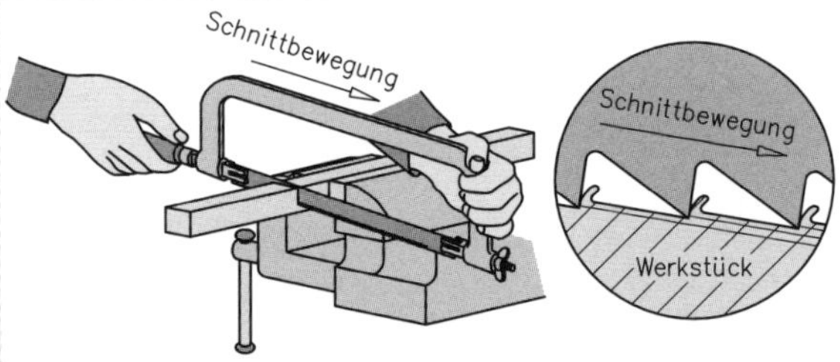

Punkte

U8

Berechnen Sie die Länge *X* des schrägen Sägeschnitts am Drehhebel (Pos. 6).
Schreiben Sie einen Antwortsatz.

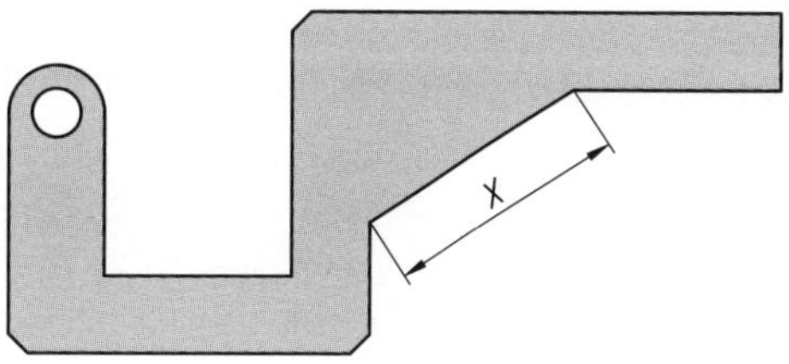

Bewertung

Punkte

U9

Nach dem Sägen der Schenkel am Drehhebel (Pos. 6) feilen Sie das Bauteil auf Maß. Listen Sie vier Merkmale auf, die eine Feile nach DIN 7261 normgerecht bezeichnet.

Bewertung

Punkte

U10

Welche Maßnahmen ergreifen Sie, um Unfälle beim Feilen zu vermeiden? Nennen Sie drei.

Bewertung

Punkte

U11

Beschreiben Sie den Prüfvorgang mit einem Gewinde-Grenzlehrdorn.

Bewertung

Punkte

Bewertung

U12

Bestimmen Sie die Nenn-, Höchst- und Mindestmaße, sowie die Toleranzen zu den folgenden Maßen an. Verwenden Sie die Allgemeintoleranz nach ISO 2768-m.

	32 mm	Maß 32°
Nennmaß		
Höchstmaß		
Mindestmaß		
Toleranz		

Punkte

Bewertung

U13

Auf der Bauteilzeichnung zum Bauteil Drehklotz (Pos. 16) sehen Sie die Bemaßung Ø 5H7/n6.

a) Nennen Sie zwei Eigenschaften dieser Passung.

b) Geben Sie zwei Anwendungsbeispiele dieser Passung an.

Punkte

U14

Bestimmen Sie fünf Fertigungsverfahren, mit denen Sie die Oberflächenangabe erreichen.

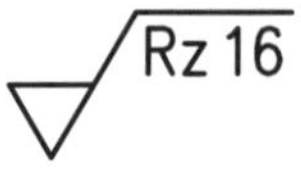

Bewertung

Punkte

U15

Sie beginnen mit der Fertigung der einzelnen Bauteile. In der Werkstatt sind verschiedene Schilder an der Wand. Ordnen Sie die Schilder mit Verbindungslinien eindeutig ihren Bezeichnungen zu.

1		a) Verbotsschild
2		b) Gebotszeichen
3		c) Warnzeichen
4		d) Brandschutzzeichen
5		e) Rettungszeichen

Bewertung

Punkte

U16

Beim Bohren der Durchgangslöcher am Drehhebel (Pos. 6) bemerken Sie, dass es zu einem Spänestau in den Spannuten kommt. Welche vier Maßnahmen ergreifen Sie?

Bewertung

Punkte

U17

Warum ist bei den Passungen Ø 5H7 am Bauteil Drehklotz (Pos. 16) zwingend die Toleranz ± 0,01 bei den Positionsmaßen einzuhalten?

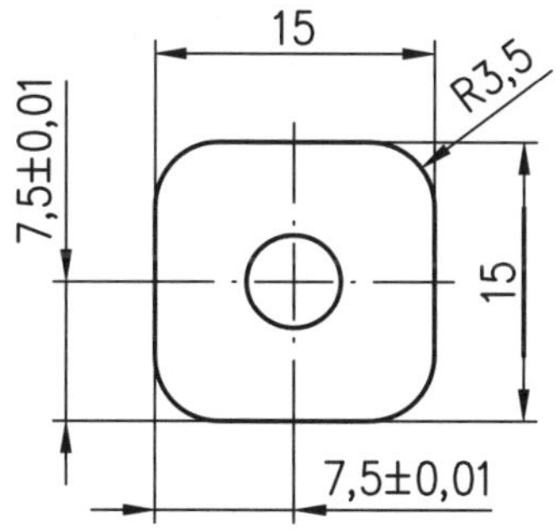

Bewertung

Punkte

U18

Was bedeutet folgendes Schweißsymbol auf der Fertigungszeichnung?

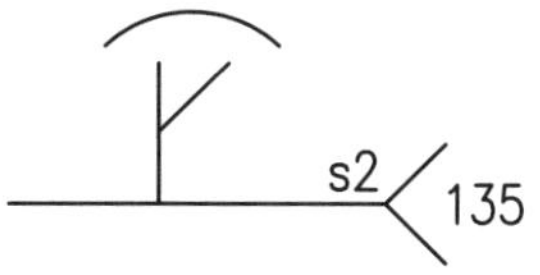

Bewertung

Punkte

Bewertung

U19

Auf der Drahtelektrode steht: Schweißgut ISO 14341-A-G 38 0 M21 G2Si1
Entschlüsseln Sie das zu verwendende Schweißgut auf der Drahtelektrode.

Angabe	Bedeutung
ISO 14341	
A	
G	
38	
0	
M21	
G2Si1	

Punkte

Bewertung

U20

Nach dem Schweißen des Profilrahmens (Pos. 3) stellen Sie Bindefehler fest. Nennen Sie drei mögliche Ursachen.

Punkte

U21

Das Schließblech des Schlosses (Pos. 13) wird durch Biegen hergestellt. Beschreiben Sie, wie sich dabei der äußere, der mittlere und der innere Werkstoffbereich verhalten.

Bewertung

Punkte

U22

Warum sind zwei Sechskantmuttern (niedrige Form), zum Fixieren des Schlosses (Pos. 13) vorgesehen? Listen Sie drei Gründe auf.

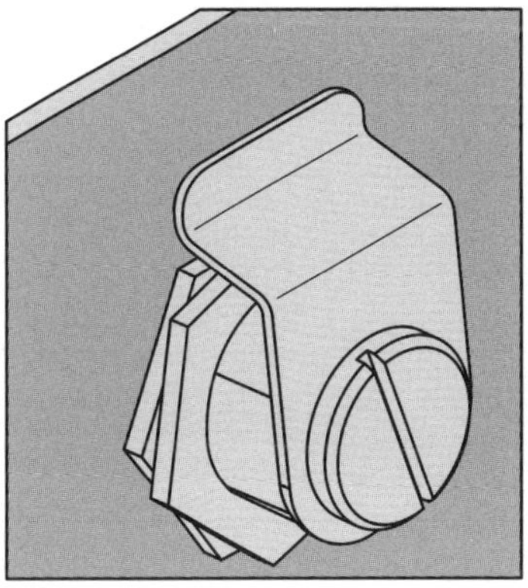

Bewertung

Punkte

Bewertung

U23

Erstellen Sie einen Fertigungsplan für das Verstiften der Bauteile Drehklotz und Drehhebel (Pos. 6).

Nr.	Arbeitsschritt	Benötigte Werkzeuge und Hilfsmittel
1		
2		
3		
4		
5		
6		
7		
8		
9		

Punkte

Hinweis:
Für die Lösungen der Aufgaben
U1 bis **U23** sind maximal
230 Punkte erreichbar

Erreichte Punktzahl: ______ Punkte

Datum

Prüfer

Prüfung 4: Schlüsselkasten

Wichtiger Hinweis

Für ein optimales Bearbeiten der Prüfungsaufgaben ist es empfehlenswert, die Gesamtzeichnung sowie die Einzelteilzeichnungen des Schlüsselkastens aus dem Prüfungsbuch herauszutrennen. Sowohl die Zeichnungen als auch die Teileliste bzw. Angaben auf den Zeichnungen benötigen Sie, um die Prüfungsaufgaben lösen zu können.

Legen Sie diese Zeichnungen übersichtlich neben Ihr Prüfungsbuch und beginnen Sie dann mit dem Lösen der Aufgaben. Dafür benötigen Sie zudem einen wissenschaftlichen Taschenrechner, ein geeignetes Zeichenwerkzeug sowie ein Tabellenbuch.

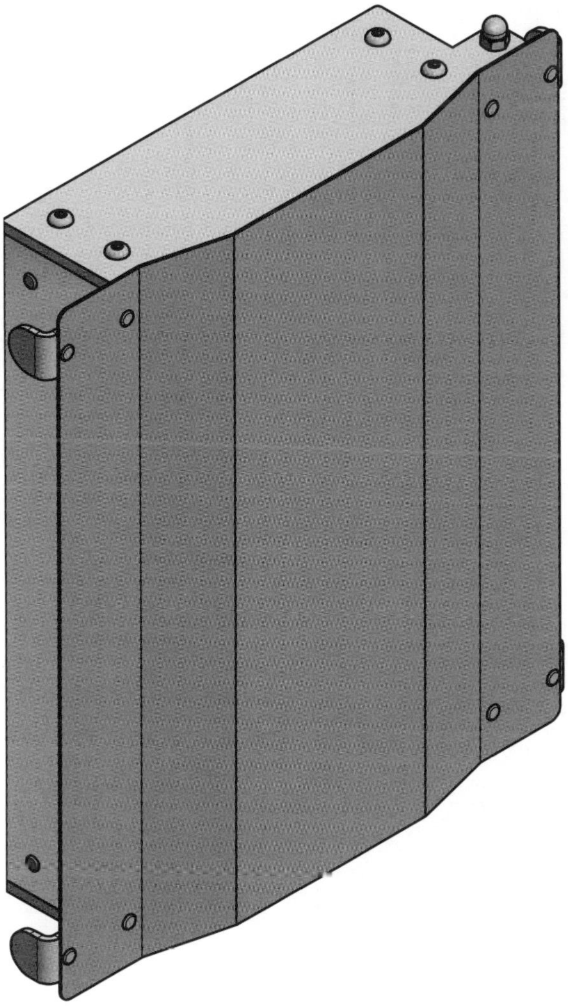

Schriftliche Aufgabenstellung

Der Prüfungssatz besteht aus folgenden Unterlagen:

Gesamtzeichnungen AP1-4, Blatt 1

Schweißplan AP1-4, Blatt 2

Einzelteilzeichnungen AP1-4, Blatt 3 bis 5

Schriftliche Aufgabenstellung Teil A (20 gebundene Aufgaben)

Schriftliche Aufgabenstellung Teil B (23 ungebundene Aufgaben)

Es sind **keine** Aufgaben abwählbar!

Die Unterlagen sind nach 120 Minuten dem Prüfer vorzulegen.

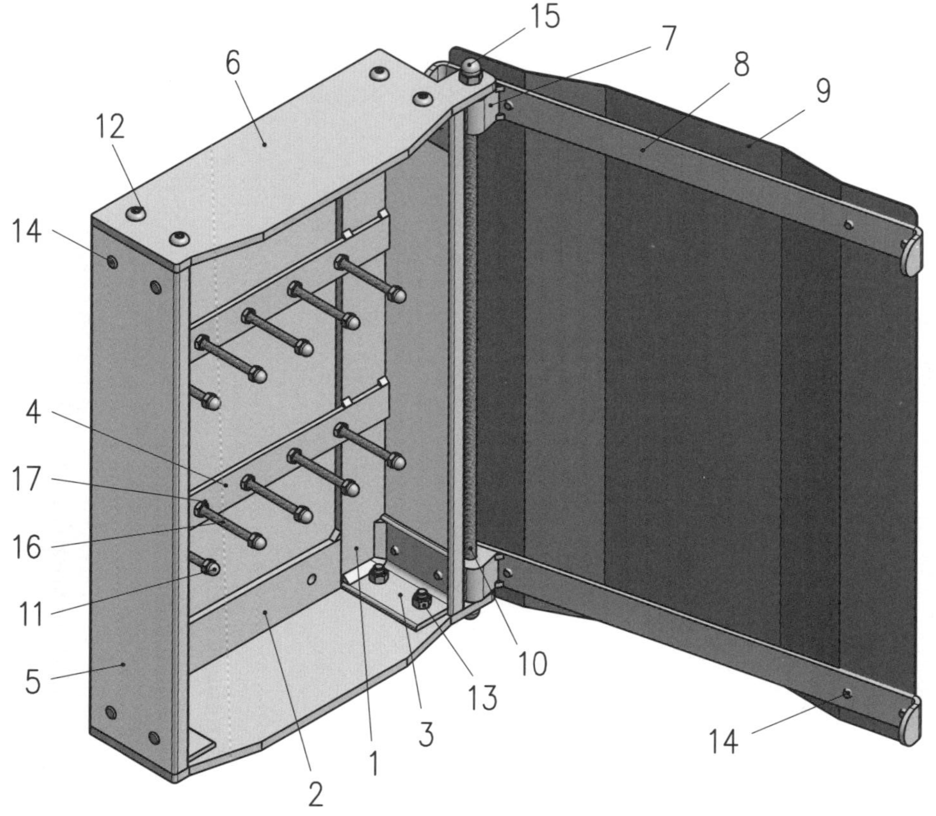

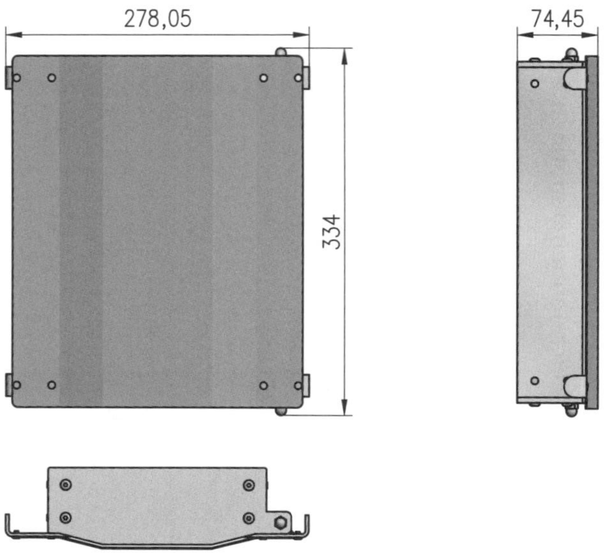

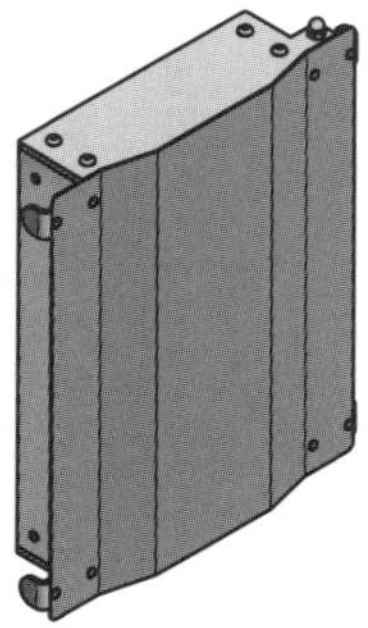

Pos.-Nr.	Stück	Benennung	Normblatt	Halbzeug	Werkstoff
17	10	Sechskantmutter	ISO 4032 – M4	4.6	St
16	10	Sechskantschraube	ISO 4017 –M4x40	4.6	St
15	2	Hutmutter	DIN 1587 – M6	4.6	St
14	16	Blindniet	DIN 7337 – A3x8–AlA–St–A1P		AlA–St
13	8	Sechskantmutter	ISO 4033 – M5	4.6	St
12	8	Schraube mit abgeflachtem Halbrundkopf mit Innensechskant	ISO 7380 –M5x16	4.6	St
11	10	Hutmutter	DIN 1587 – M4	4.6	St
10	1	Gewindeachse M6	DIN 976	M6x324	1.4301
9	1	Deckel, orange eloxiert	EN AW 1050A	350x1x300	3.0255
8	2	Deckelband	Bl DIN EN 10130	20x3x310	DC01
7	2	Drehhülse	Vk EN 10059	20x20	S235JR
6	2	Deckelplatte	Fl EN 10278	70x5x230	S235JR
5	1	Rahmenblech	Bl DIN EN 10088–2	300x0,5x343	1.4301
4	2	Hakenleiste	Bl DIN EN 10130	20x3x205	DC01
3	4	Eckenwinkel	L DIN EN 10056–1	30x30x3	S275JO
2	2	Querhalter	Fl EN 10278	30x4x138	S235JR
1	2	Längshalter	Fl EN 10278	30x4x300	S235JR

Allgemeintoleranz ISO 2768–m

Zeichnungen nicht maßstäblich

Verantwortl. Abt.	Technische Referenz	Erstellt durch	Genehmigt von	Vorgabezeit

Metallbauer/in
Konstruktionsmechaniker/in

Dokumentenart: Gesamtzeichnung

Titel, Zusätzlicher Titel: Schlüsselkasten

Prüfnummer: AP1–4

Änd.	Ausgabedatum	Spr.	Blatt
		de	1/5

Rahmenkonstruktion

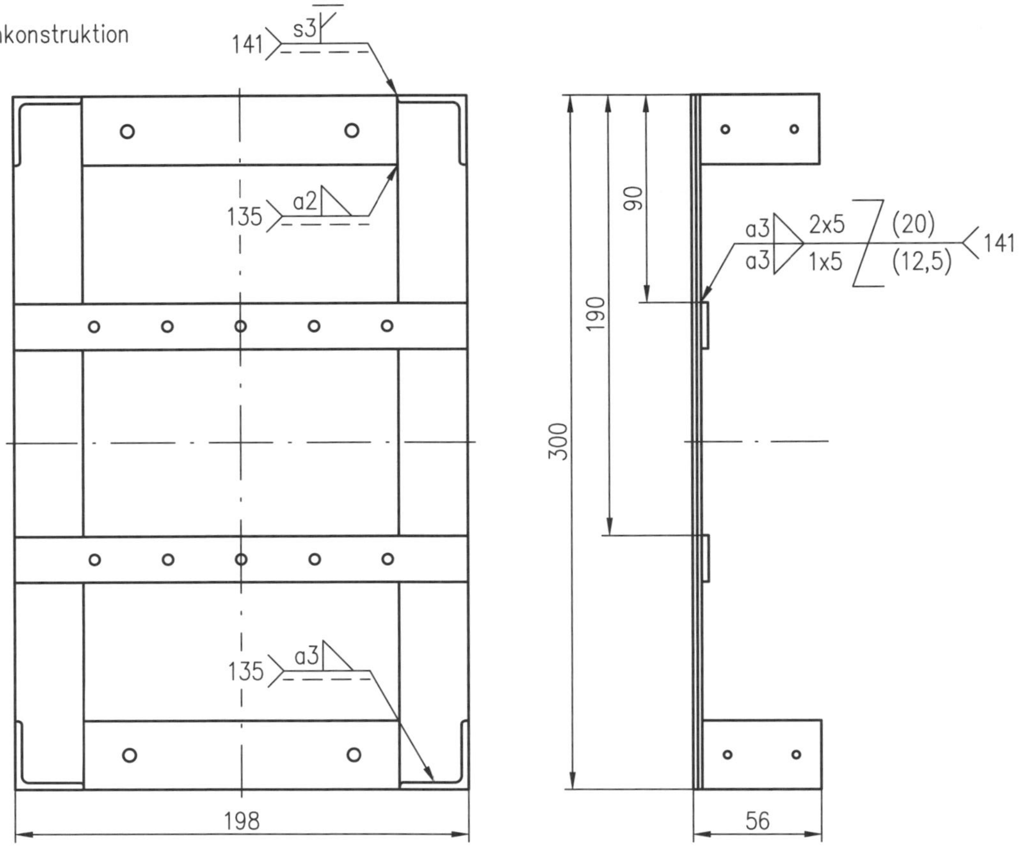

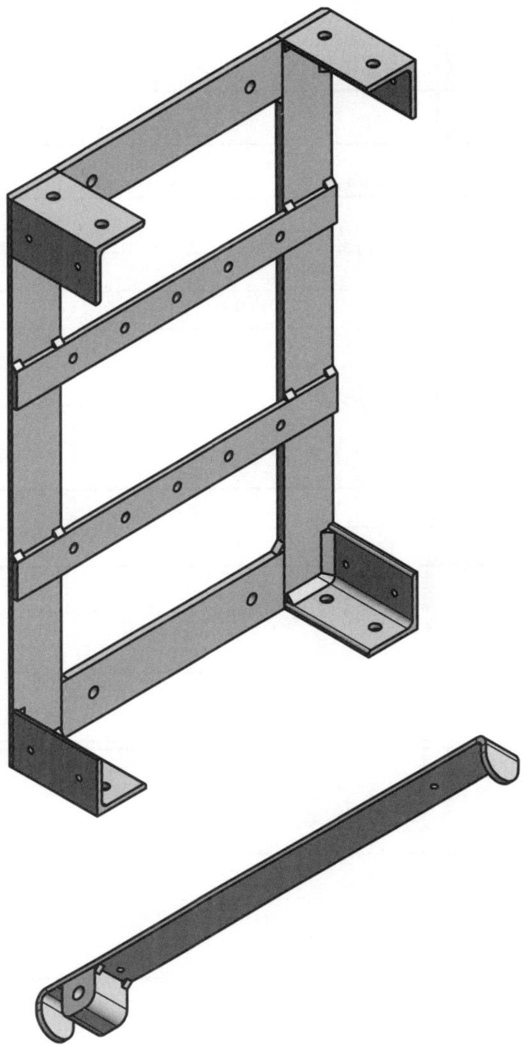

Drehband

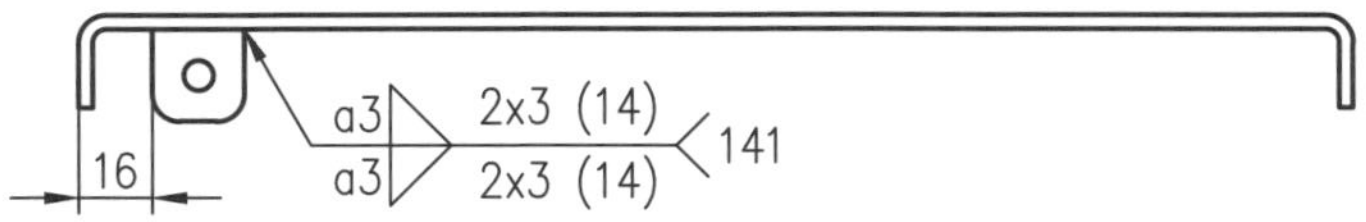

Allgemeintoleranzen für Schweißkonstruktionen
gemäß DIN EN ISO 13920–A

Allgemeintoleranz ISO 2768–m	Verantwortl. Abt.	Technische Referenz	Erstellt durch	Genehmigt von	Vorgabezeit
Zeichnungen nicht maßstäblich	Metallbauer/in Konstruktionsmechaniker/in		Dokumentenart: Schweißplan	Prüfnummer	
			Titel, Zusätzlicher Titel: Schlüsselkasten	AP1–4	
				Änd. / Ausgabedatum / Spr. de / Blatt 2/5	

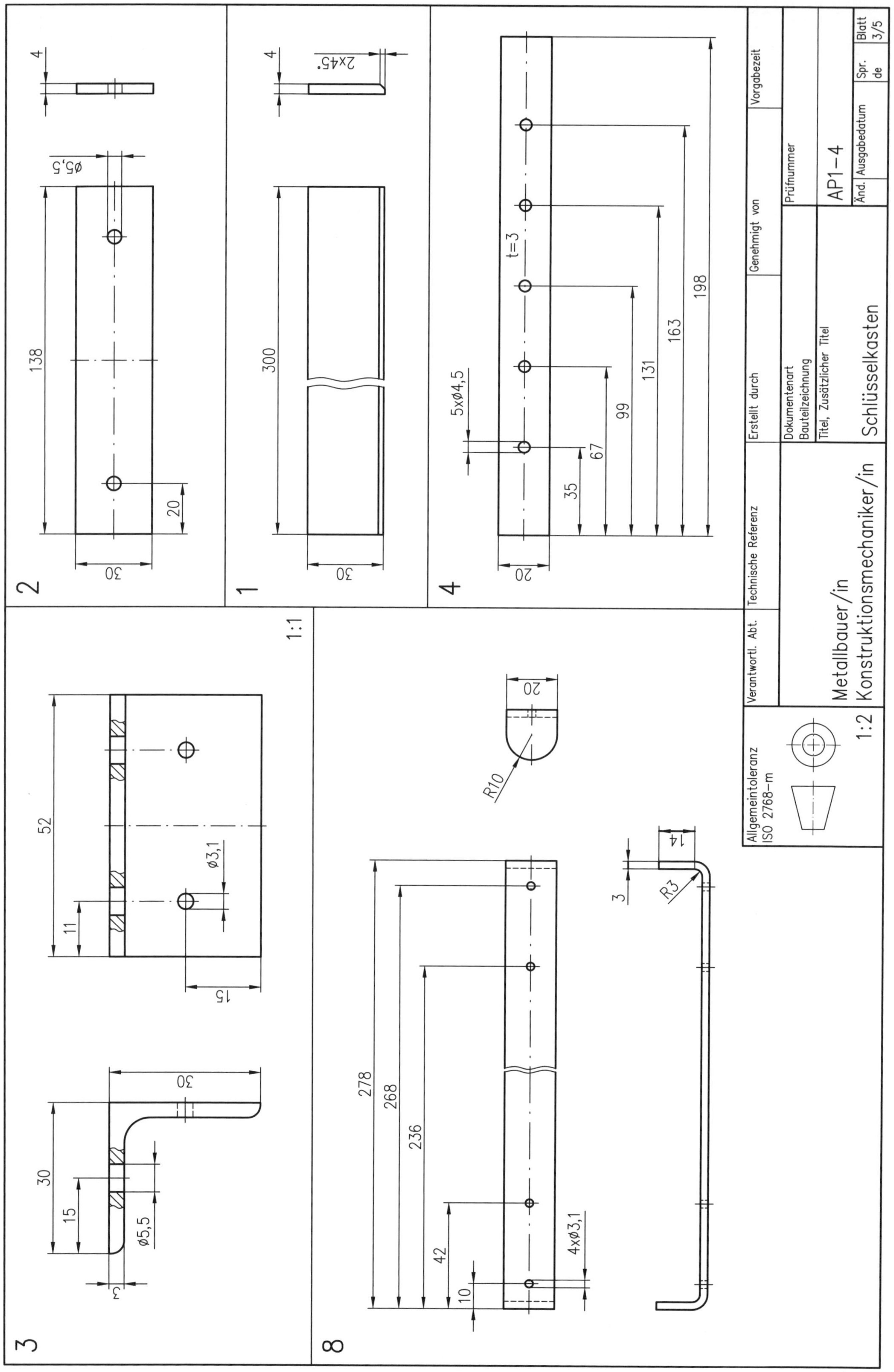

Allgemeintoleranz ISO 2768-m
1:2
Metallbauer/in
Konstruktionsmechaniker/in
Verantwortl. Abt.
Technische Referenz
Erstellt durch
Genehmigt von
Vorgabezeit
Dokumentenart
Bauteilzeichnung
Prüfnummer
Titel, Zusätzlicher Titel
Schlüsselkasten
AP1-4
Änd.
Ausgabedatum
Spr.
de
Blatt
3/5
1:1
1
2
3
4
8
300
30
4
2x45°
138
20
ø5,5
t=3
5xø4,5
35
67
99
131
163
198
52
11
15
ø3,1
30
ø5,5
3
278
268
236
42
10
4xø3,1
14
R3
R10

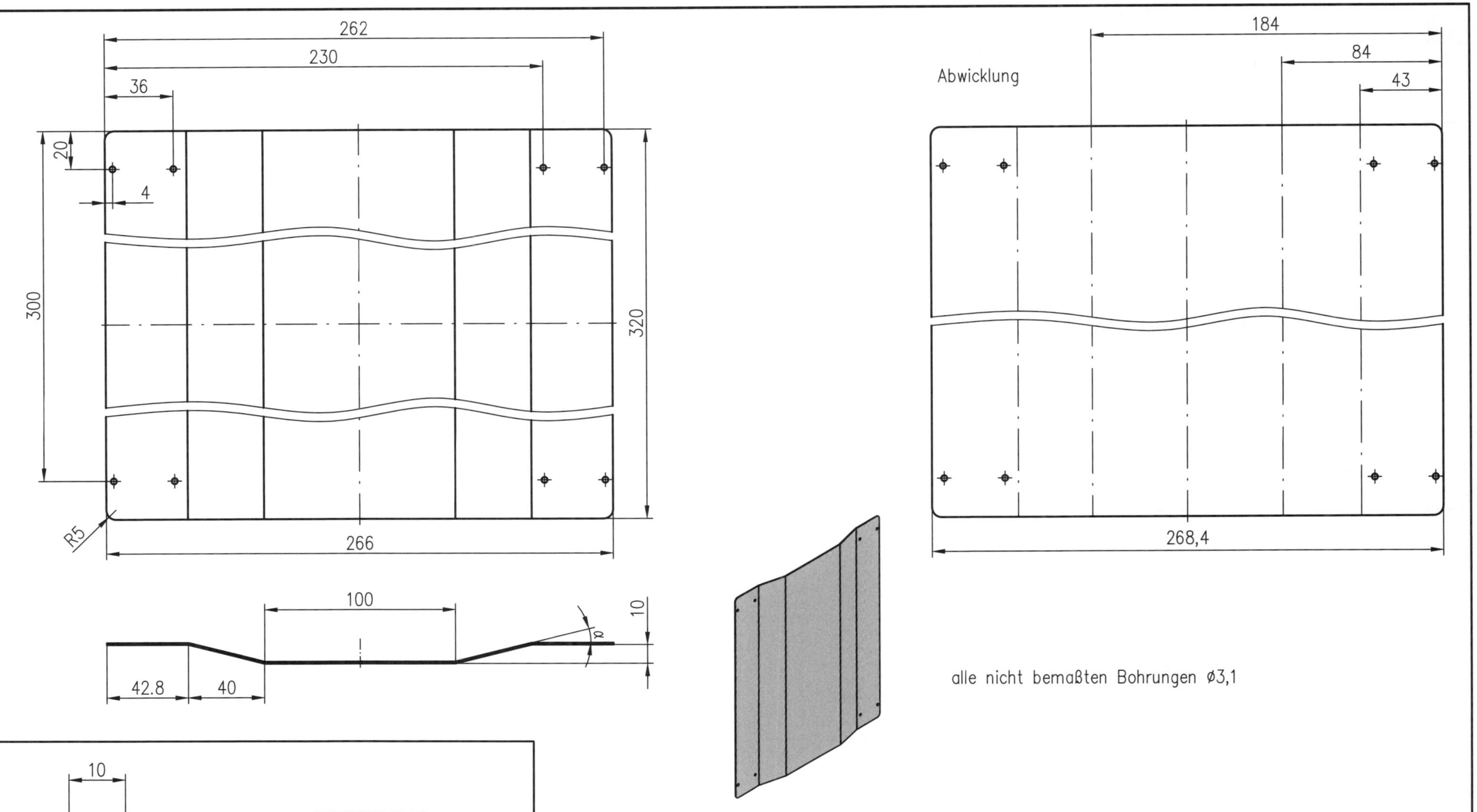

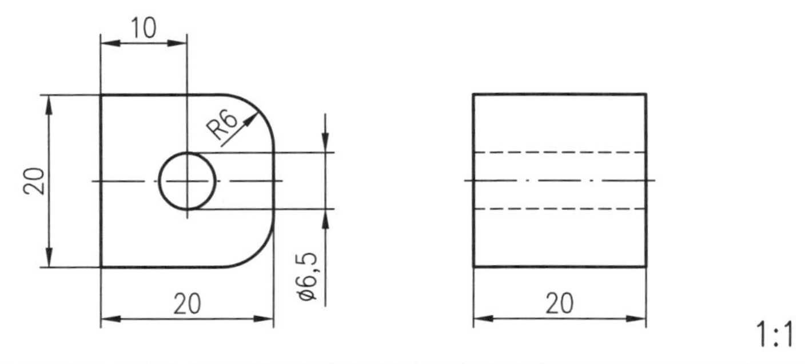

Allgemeintoleranz ISO 2768–m	Verantwortl. Abt.	Technische Referenz	Erstellt durch	Genehmigt von	Vorgabezeit
	Metallbauer/in Konstruktionsmechaniker/in		Dokumentenart Bauteilzeichnung		Prüfnummer
			Titel, Zusätzlicher Titel Schlüsselkasten		AP1–4
Zeichnungen nicht maßstäblich					Änd. Ausgabedatum Spr. de Blatt 4/5

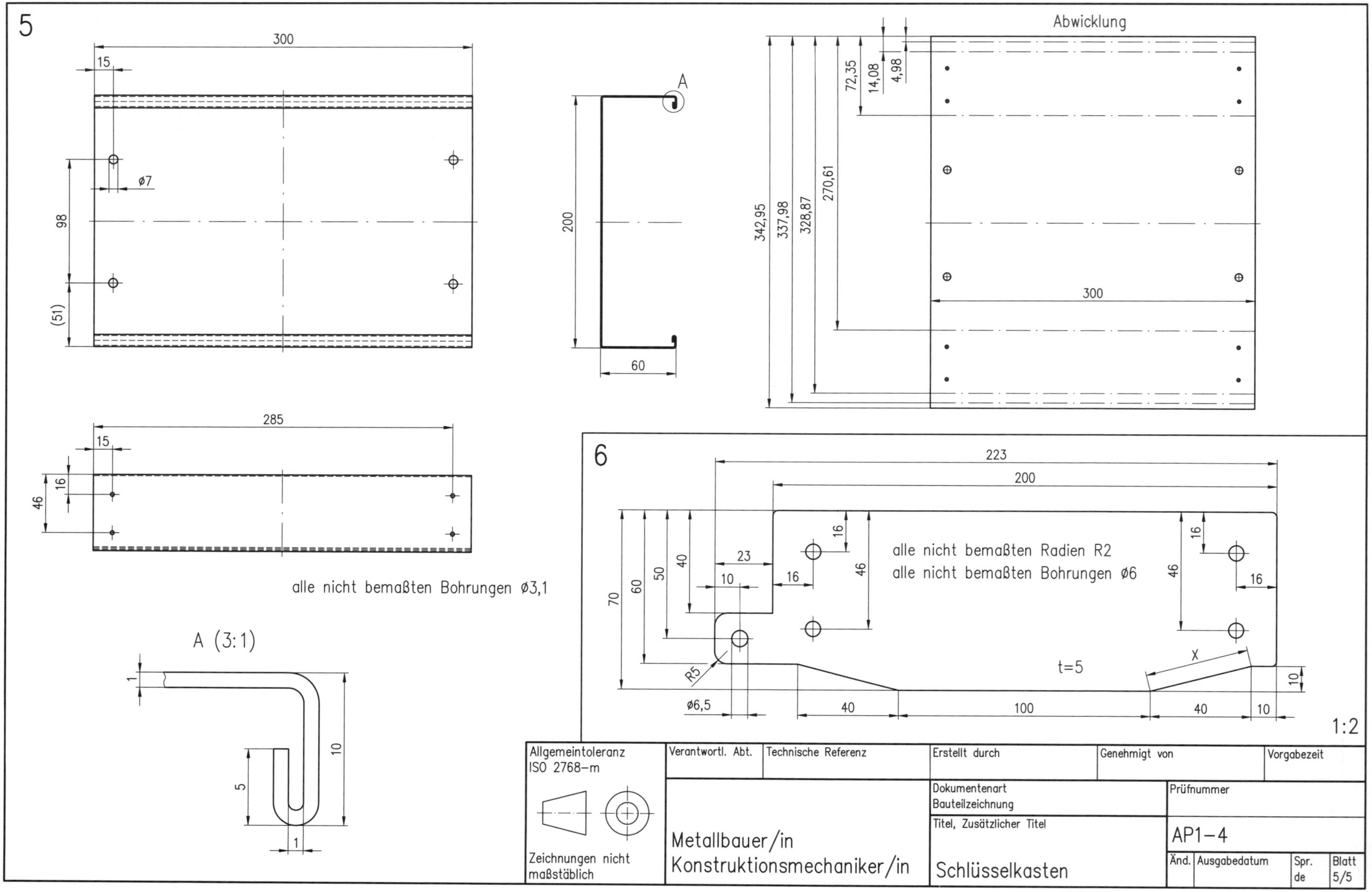
5
300
15
ø7
98
(51)
200
60
A
A (3:1)
1
10
5
1
285
15
16
46
alle nicht bemaßten Bohrungen ø3,1
Abwicklung
342,95
337,98
328,87
270,61
72,35
14,08
4,98
300
6
223
200
70
60
50
40
23
10
16
16
46
alle nicht bemaßten Radien R2
alle nicht bemaßten Bohrungen ø6
46
16
16
X
t=5
R5
ø6,5
40
100
40
10
10
1:2
Allgemeintoleranz
ISO 2768–m
Zeichnungen nicht maßstäblich
Verantwortl. Abt.
Technische Referenz
Erstellt durch
Genehmigt von
Vorgabezeit
Dokumentenart
Bauteilzeichnung
Prüfnummer
Titel, Zusätzlicher Titel
Metallbauer/in
Konstruktionsmechaniker/in
Schlüsselkasten
AP1–4
Änd.
Ausgabedatum
Spr.
de
Blatt
5/5

Prüfung 4	Teil A	Metallbauer/-in Konstruktionsmechaniker/-in	Schlüsselkasten

Sie erhalten den Auftrag, die Baugruppe, die auf der Gesamtzeichnung AP1-4 dargestellt ist, herzustellen, zu montieren und ihre Funktion zu überprüfen. Die herzustellenden Einzelteile sind den Zeichnungen AP1-4 zu entnehmen.

1

Laut Teileliste besteht das Bauteil Rahmenblech (Pos. 5) aus dem Werkstoff 1.4301. Welcher Werkstoff ist mit dieser Bezeichnung klassifiziert?

① Nichtrostender Stahl

② Baustahl

③ Werkzeugstahl

④ Automatenstahl

⑤ Aluminium

2

Wie können Sie in der Werkstatt schnell unterscheiden, ob es sich um ein Edelstahlblech handelt?

① Mithilfe einer Klangprobe

② Durch einen Zugversuch

③ Mithilfe eines Magneten

④ Durch die Ermittlung der Gewichtsdifferenz

⑤ Es gibt keine Möglichkeit zur Unterscheidung.

3

Warum ist nichtrostender Stahl korrosionsbeständig?

① Weil sich auf der Oberfläche eine schützende Passivschicht aus Chromoxid bildet

② Weil ein hoher Kohlenstoffanteil vorhanden ist

③ Weil die Gefügeart im Metallgitter Aluminiumanteile enthält

④ Weil die Luft einen Wasserstoffanteil hat

⑤ Weil jedes Blech eine Lackschicht hat

4

Welchen Vorteil hat der Messschieber auf Bild 1 gegenüber dem auf Bild 2?

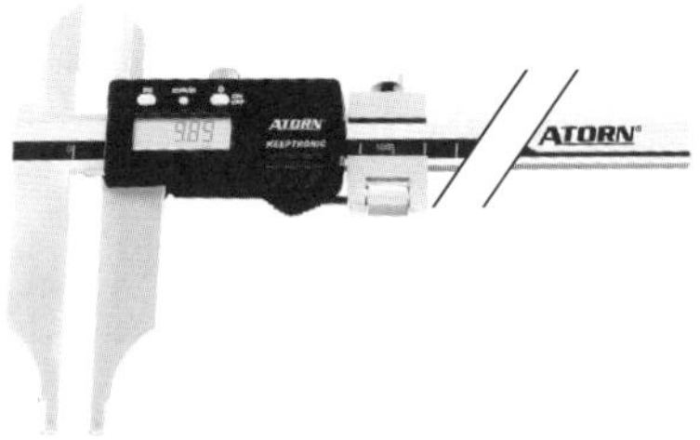

Bild 1

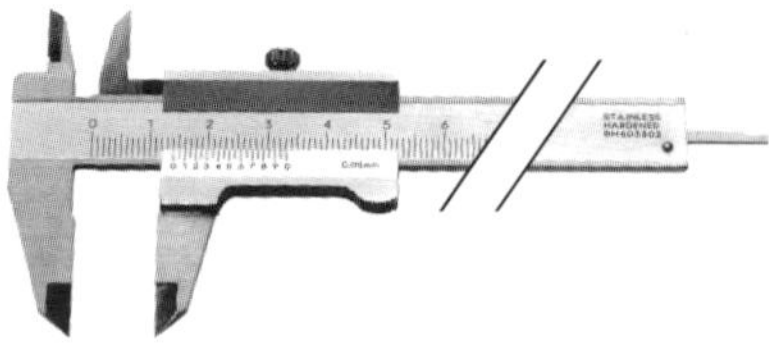

Bild 2

① Das Messen wärmerer Werkstücke ist mit diesem Messschieber möglich.

② Die Handwärme spielt beim Messen mit diesem Messschieber keine Rolle.

③ Der Ablesefehler durch Parallaxe ist mit diesem Messschieber nicht möglich.

④ Der Messwert wird auf diesem Messschieber sowohl analog als auch digital angezeigt.

⑤ Das Messen mit diesem Messschieber hat keinen Vorteil.

5

Ihr Messschieber lag während der Pause auf der heißen Heizung. Welchen Einfluss hat diese Erwärmung auf Ihr Messergebnis?

① Das Messergebnis wird durch die Erwärmung nicht beeinflusst.

② Das Messergebnis wird vergrößert.

③ Das Messergebnis ändert sich in Abhängigkeit zum Nennmaß.

④ Das Messergebnis wird kleiner.

⑤ Das Messergebnis ändert sich nicht, da die Temperatur nur um 15 °C angestiegen ist.

6

Sie erhalten von Ihrem Ausbilder den abgebildeten Messzeug-Satz. Was können Sie mit den vorliegenden Messzeugen nicht prüfen?

① Längenmaße

② Winkelmaße – außer 90°

③ Rechtwinkligkeit

④ Geradheit von Oberflächen

⑤ Durchmesser von Bohrungen

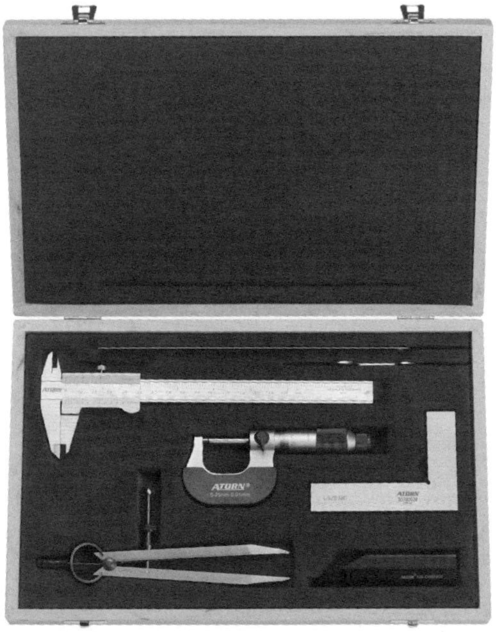

7

Was bedeutet das abgebildete Verbotszeichen?

① Zutritt für Unbefugte verboten
② Rauchen verboten
③ Offenes Licht verboten
④ Nicht mit Wasser löschen
⑤ Feuergefährlich

8

Welche Aussage zum Senken an einer Bohrmaschine ist richtig?

① Es wird mit niedriger Drehzahl gearbeitet, um Rattermarken an der Oberfläche der Senkung zu vermeiden.
② Es wird mit niedriger Drehzahl gearbeitet, um die Bohrmaschine zu schonen.
③ Es wird mit niedriger Drehzahl gearbeitet, um das Bohrfutter zu entlasten.
④ Es wird mit hoher Drehzahl gearbeitet, um das Kühlmittel zu sparen.
⑤ Es wird mit hoher Drehzahl gearbeitet, um die Standzeit des Senkers zu erhöhen.

9

Ermitteln Sie die Steigung P für die Gewindeachse (Pos. 10).

① $P = 1$ mm
② $P = 0{,}75$ mm
③ $P = 1{,}5$ mm
④ $P = 1$"
⑤ $P = 6$ mm

10

Ordnen Sie Bohren dem richtigen Fertigungsverfahren zu.

① Urformen
② Umformen
③ Beschichten
④ Fugen
⑤ Trennen

11

Warum müssen Sie beim Biegen des Rahmenblechs (Pos. 5) den Winkel um 1 – 3 % überbiegen?

① Um die Streckgrenze des Materials zu nutzen
② Um die Biegemaschine voll auszunutzen
③ Um die Walzrichtung zu berücksichtigen
④ Um die Rückfederung des Materials zu berücksichtigen
⑤ Um die Mindestbiegeradien einzuhalten

12

Am Deckel (Pos. 9) ist die Allgemeintoleranz 2768-m einzuhalten. Welches Grenzabmaß muss bei einem Winkel von 15° eingehalten werden?

① 3 mm

② ± 1°

③ ± 30"

④ 15°

⑤ ± 0° 30'

13

Nennen Sie den Grund für den einfachen Umschlag am Rahmenblech (Pos. 5).

① Er wirkt ästhetisch.

② Er ist bei Edelstahl vorgeschrieben.

③ Er verhindert die Spaltkorrosion.

④ Er versteift die Blechkante.

⑤ Er vermeidet das Tiefziehen des Blechs.

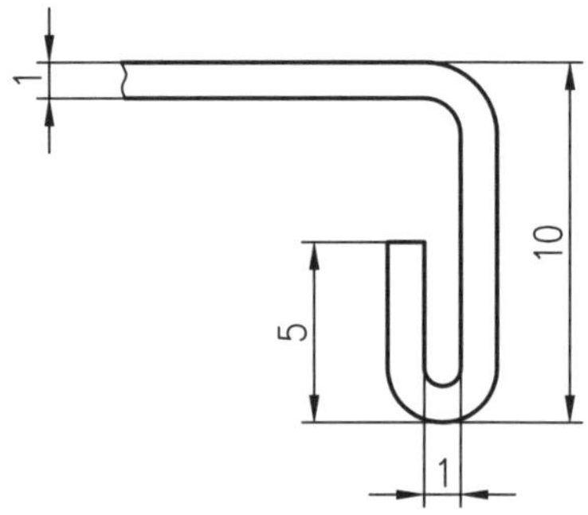

14

Wie bezeichnet man die Korrosion zwischen dem Rahmenblech (Pos. 5) und dem Blindniet (Pos. 14), die durch Salzwasser verursacht wird?

① Elektrochemische Korrosion

② Gitterkorrosion

③ Nietkorrosion

④ Spannungsrisskorrosion

⑤ Muldenkorrosion

15

Welchen Außendurchmesser hat der Blindniet (Pos. 14)?

① d = 3,5 mm

② d = 3,0 mm

③ d = 8,0 mm

④ d = gemäß A1P

⑤ d = 3,1 mm

16

Welches der genannten Schweißverfahren gehört nicht zum Lichtbogenhandschweißen?

① Unterpulverschweißen
② Reibschweißen
③ Schutzgasschweißen
④ Wolfram-Inertgasschweißen
⑤ Plasmaschweißen

17

Welche Form soll die Oberfläche der Schweißnaht mit folgendem Schweißsymbol haben?

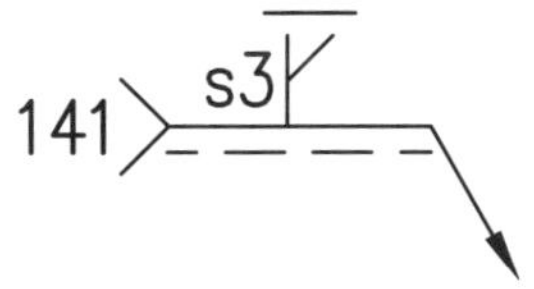

① Sie soll flach nachgearbeitet sein.
② Sie soll konvex sein.
③ Sie soll konkav sein.
④ Sie soll einen kerbfreien Nahtübergang haben.
⑤ Sie soll wellig sein.

18

Welche Maßnahme ergreifen Sie, wenn sich der Lichtbogen beim Schweißen zur Werkstückmasse hin ablenkt?

① Werkstückmasse entfernen.
② Stabelektrode neigen
③ Werkstückmasse steigern
④ Zusätzliche Stahlmasse anlegen
⑤ Stromanschluss ändern

19

Wie kann die Hutmutter (Pos. 15) gegen das Losdrehen gesichert werden?

① Durch einen Federring
② Durch eine Zahnscheibe
③ Durch eine Spannscheibe
④ Durch eine Tellerfeder
⑤ Durch einen Klebstoff

20

Welche Abbildung zeigt den Schnitt A-A durch das Bauteil Deckelplatte (Pos. 6) korrekt?

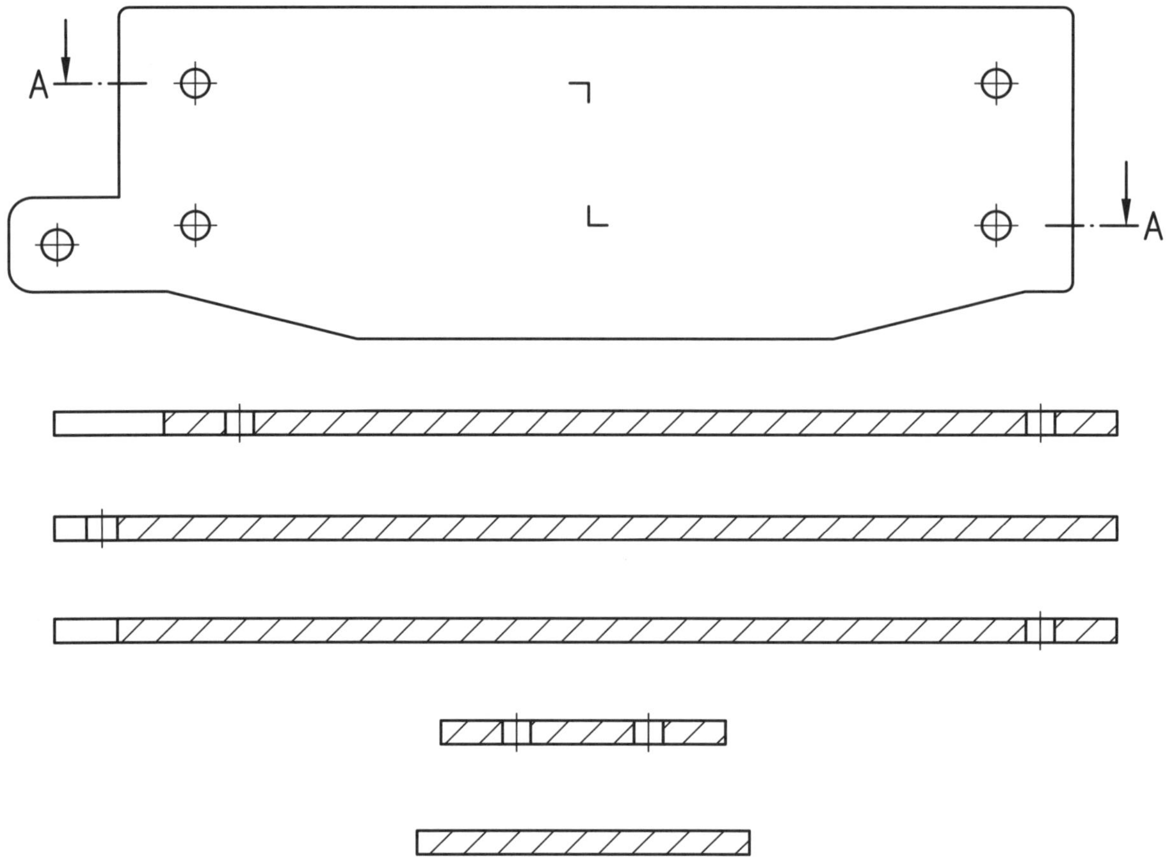

Hinweis:
Für die Lösungen der Aufgaben
1 bis **20** sind maximal
20 Punkte erreichbar

Erreichte Punktzahl: ______ Punkte

Datum

Prüfer

Prüfung 4	Teil B	Metallbauer/-in Konstruktionsmechaniker/-in	Schlüsselkasten

Die Einzelteile der Baueinheit müssen Sie nach den Zeichnungen AP1-4 anfertigen.
Beantworten Sie bitte die Aufgaben stets mit kurzen Sätzen.

Punkteschlüssel: 10 – 9 – 7 – 5 – 3 – 0 Punkte

U1

Beschreiben Sie mit eigenen Worten und in ganzen Sätzen die Funktion des Schlüsselkastens.

Bewertung

Punkte

U2

Erklären Sie Aufgabe und Funktion der unten aufgeführten Bauteile des Schlüsselkastens.

Benennung	Aufgabe und Funktion
Pos. 6: „Deckelplatte“	
Pos. 10: „Gewindeachse“	
Pos. 11: „Hutmutter“	

Bewertung

Punkte

U3

Warum darf die Schweißnaht zwischen Drehhülse (Pos. 7) und Deckelband (Pos. 8) maximal a3 betragen?

Bewertung

Punkte

Bewertung

U4

In der Teileliste ist für das Deckelband (Pos. 8) eine Materiallänge vorgegeben. Ermitteln Sie rechnerisch, ob diese Materiallänge ausreicht. Schreiben Sie einen Antwortsatz.

Punkte

U5

Zählen Sie sechs Eigenschaften des Werkstoffs Aluminium auf.

Bewertung

Punkte

U6

Woraus besteht der Blindniet (Pos. 14)?

Bewertung

Punkte

U7

Wozu wird das abgebildete Prüfmittel verwendet?
Beschreiben Sie den Prüfvorgang.

Bewertung

Punkte

Bewertung

U8

Ermitteln Sie die Drehzahl für das Bohren der Bohrung Ø 6,5 mm an der Deckelplatte (Pos. 6) bei v_c = 25 m/min.

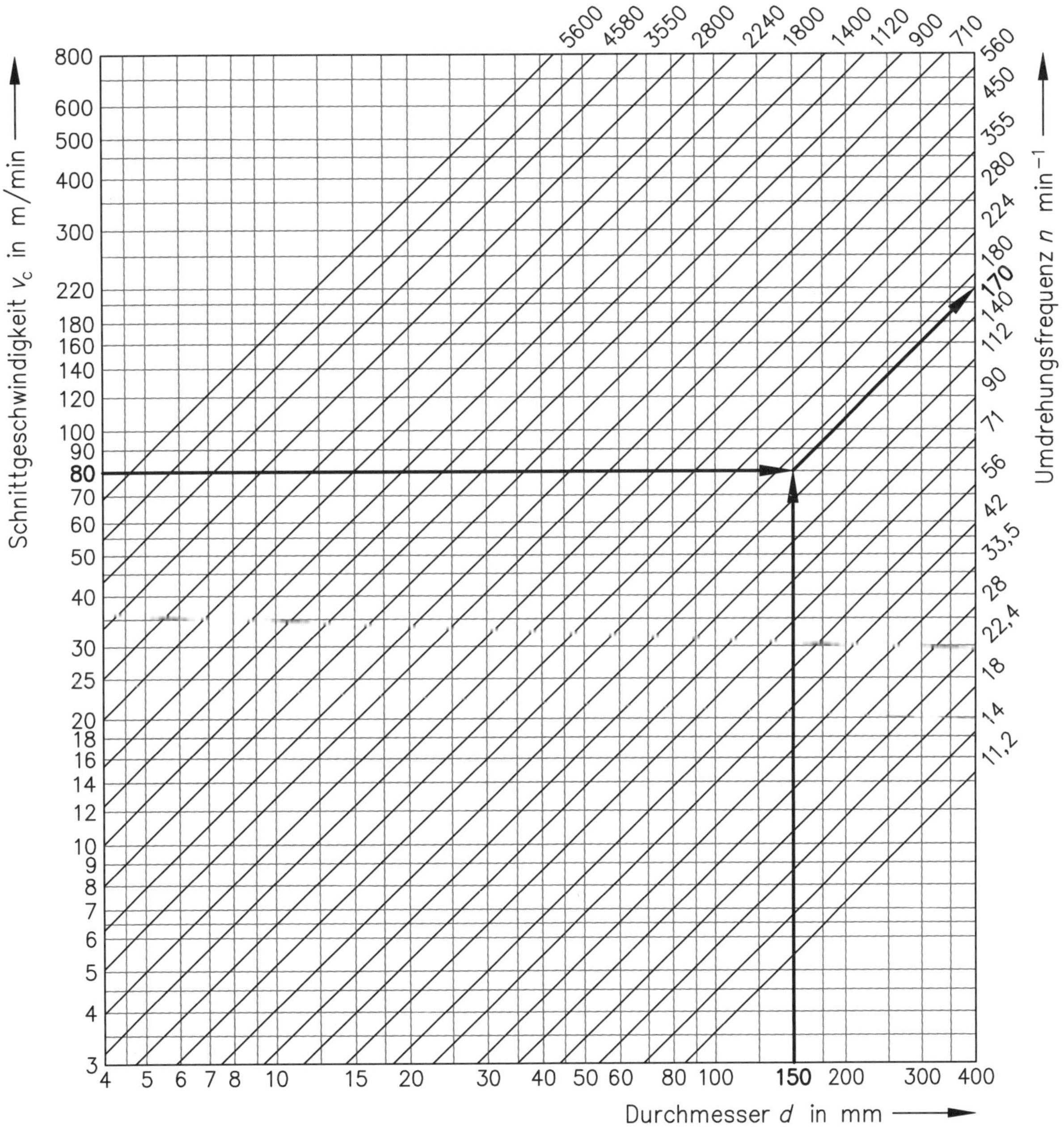

Punkte

U9

Ermitteln Sie die Drehzahl zu Aufgabe U8 rechnerisch. Schreiben Sie einen Antwortsatz

Bewertung

Punkte

Bewertung

U10

Berechnen Sie die Hauptnutzungszeit für das Bohren der beiden Hakenleisten (Pos. 4).
Schreiben Sie einen Antwortsatz.
Benötigte Parameter:
$l_s = 0{,}3 \cdot d$; $l_a = l_u = 1$ mm; $f = 0{,}10$ mm; $n = 1592$ min^{-1}.

Punkte

U11

Beim Bohren der Durchgangslöcher am Bauteil Hakenleiste (Pos. 4) bemerken Sie, dass es zueinem Verschleiß des Bohrers am Außendurchmesser kommt. Welche drei Maßnahmen ergreifen Sie?

Bewertung

Punkte

U12

Welche Funktion hat der Niederhalter an der Handhebelschere?

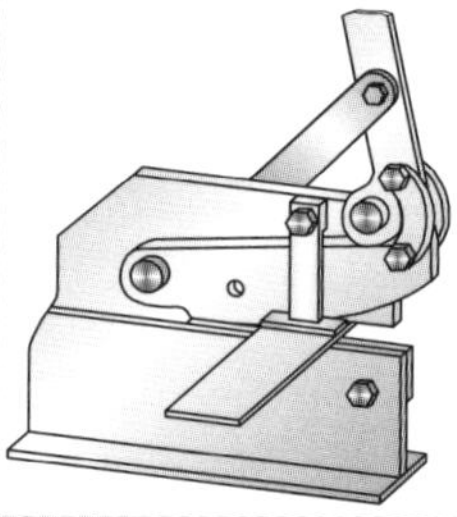

Bewertung

Punkte

U13

Welche Handkraft ist nötig, um eine Schneidekraft von 680 N auszuüben?
Der Kraftarm der Kneifzange ist 150 mm lang. Der Lastarm ist 38 mm lang.
Schreiben Sie einen Antwortsatz.

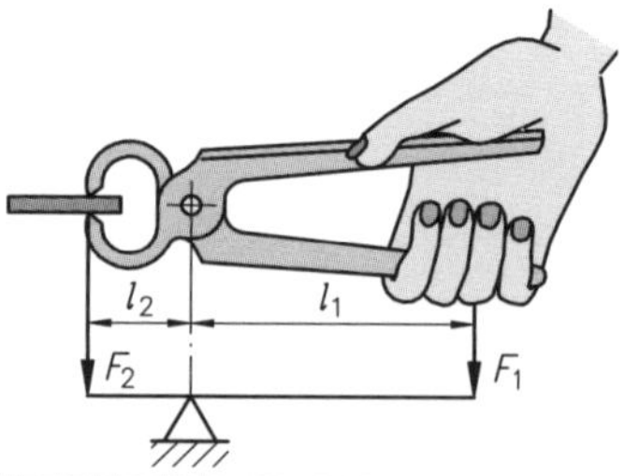

Bewertung

Punkte

U14

Nennen Sie drei Handwerkzeuge, die zum Setzen der Blindnieten (Pos. 14) verwendet warden Können

Bewertung

Punkte

U15

Nennen Sie fünf Sicherheitsregeln, die beim Umgang mit Winkelschleifern eingehalten warden müssen

Bewertung

Punkte

U16

Berechnen Sie die Länge *X* am Bauteil Deckelplatte (Pos. 6). Schreiben Sie einen Antwortsatz.

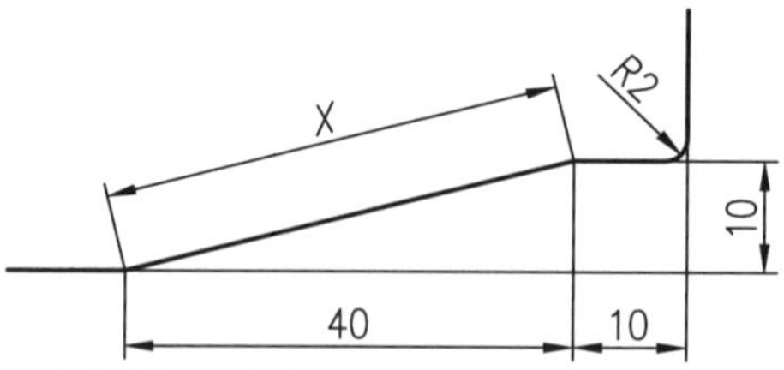

Bewertung

Punkte

U17

Ermitteln Sie den Biegewinkel α zum Biegen von Bauteil Deckel (Pos. 9). Schreiben Sie einen Antwortsatz

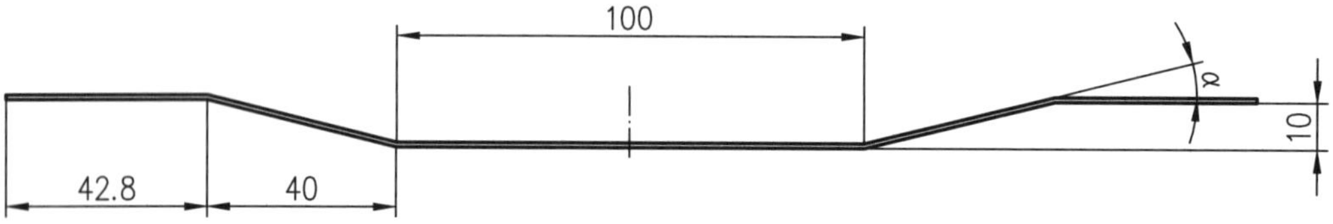

Bewertung

Punkte

Bewertung

U18

Um die Schweißnaht zwischen den Bauteilen Längshalter (Pos. 1) und Eckenwinkel (Pos. 3) zu fertigen, heften Sie die beiden Bauteile. Nennen Sie zwei Gründe für das Heften.

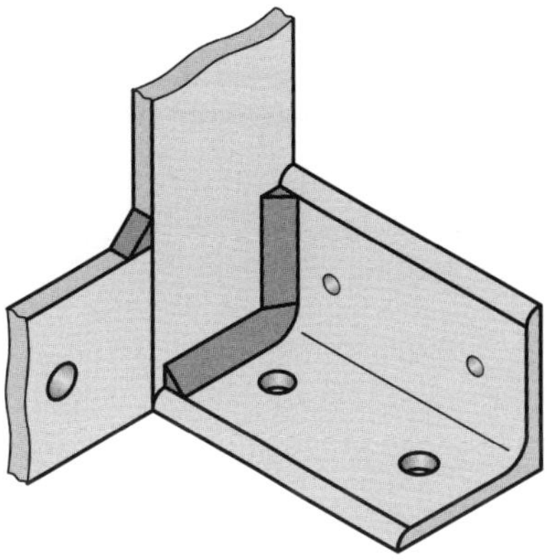

Punkte

Bewertung

U19

Nach dem Schweißen des Bauteils Längshalter (Pos. 1) mit dem Bauteil Eckenwinkel (Pos. 3) stellen Sie Risse auf der Schweißnaht fest. Nennen Sie vier mögliche Ursachen dafür.

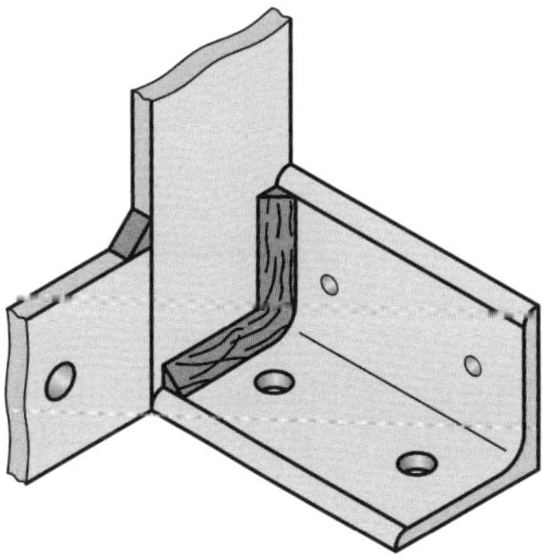

Punkte

U20

Was bedeutet folgendes Schweißsymbol auf dem Schweißplan AP1-4, Blatt 2?

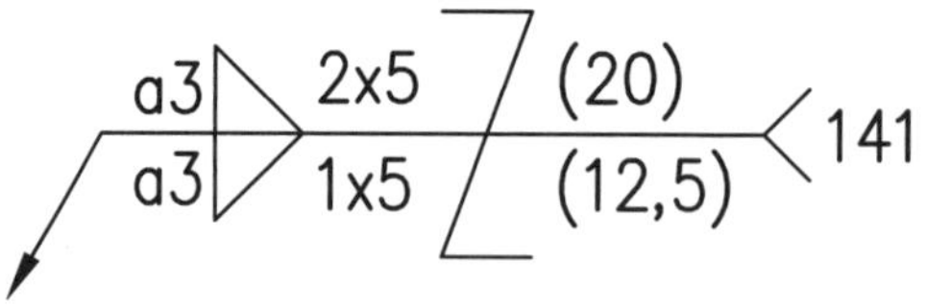

Bewertung

Punkte

U21

Zeichnen Sie die Nähte des Drehbandes gemäß Schweißplan AP1-4, Blatt 2 ein.

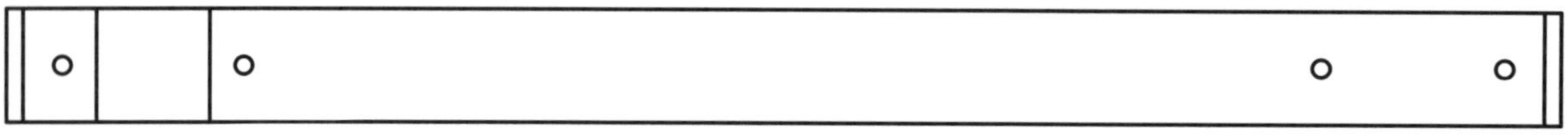

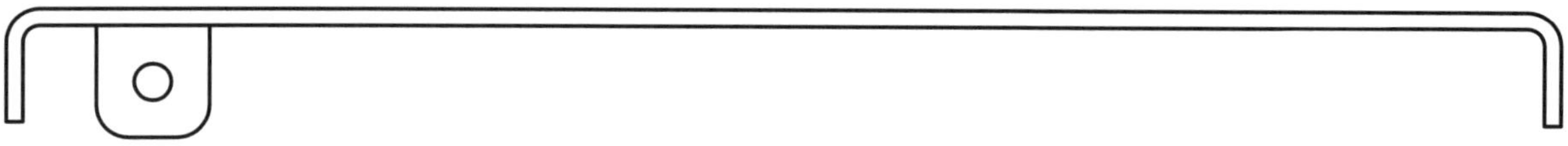

Bewertung

Punkte

Bewertung

U22

Ordnen Sie die Abbildungen mit Verbindungslinien eindeutig ihren Bezeichnungen zu.

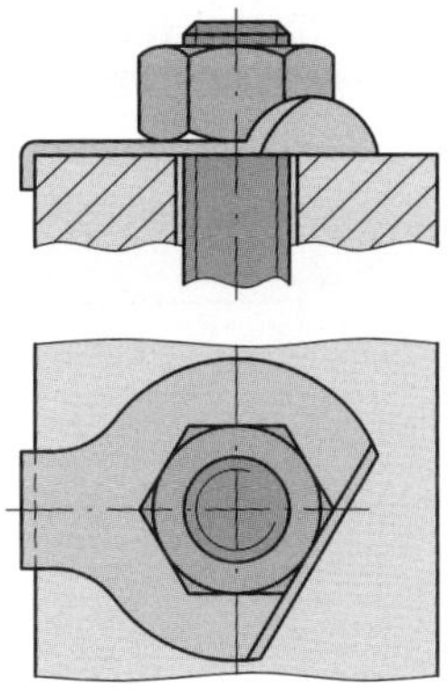

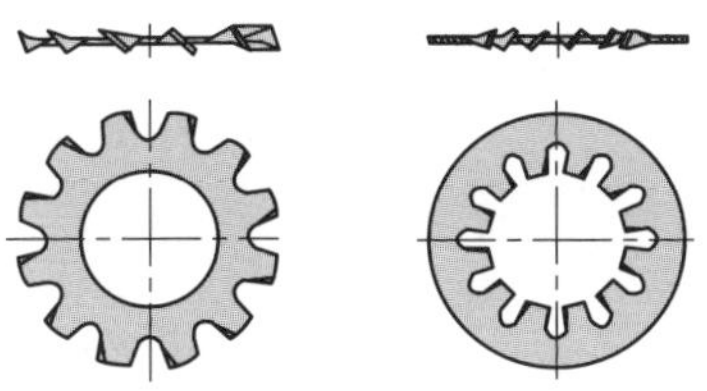

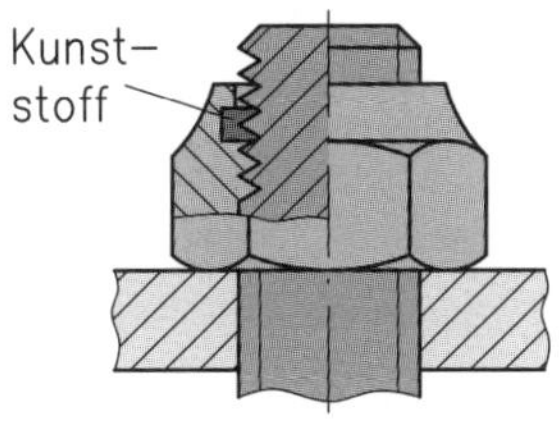

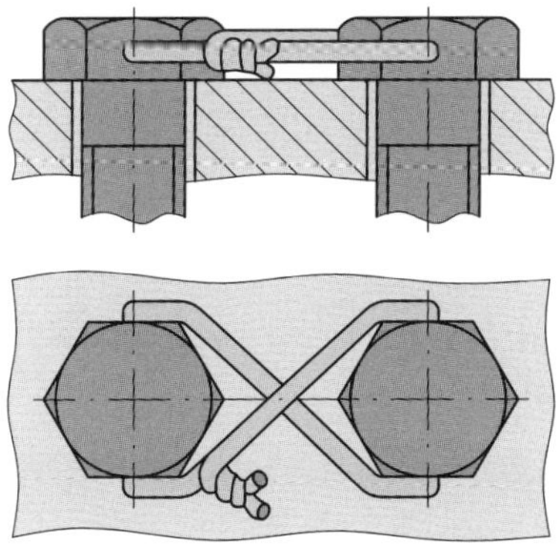

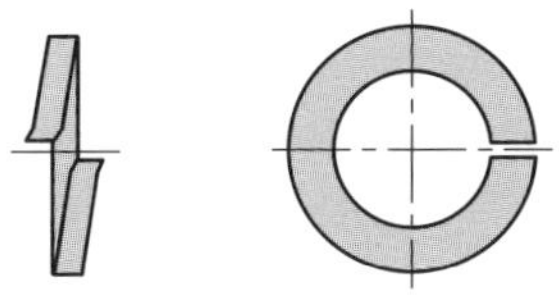

Drahtsicherung

Sicherungsblech mit Lappen

Zahnscheibe

Federring Form B

Selbstsichernde Mutter

Punkte

Bewertung

U23

Erstellen Sie einen Fertigungsplan für das Bauteil Drehhülse (Pos. 7).

Nr.	Arbeitsschritt	Benötigte Werkzeuge und Hilfsmittel
1		
2		
3		
4		
5		
6		
7		
8		

Punkte

Hinweis:
Für die Lösungen der Aufgaben
U1 bis **U23** sind maximal
230 Punkte erreichbar

Erreichte Punktzahl: ______ Punkte

Datum

Prüfer